馬の惑星

of the Horses by Hiromi Hoshino

星野博美

集英社

馬の惑星

はじめに

馬が好きだ。

馬との関係は、半ば宿命的なものだった。

午年生まれである。

そんなことを言うと、「では巳年生まれだったら蛇にこだわり、未年生まれだったら羊にこだわるのか？」というツッコミが来そうだが、「ああ、そうだとも」と答えておこう。他の年に生まれたことがないから、他の人の気持ちはわからないが、もし未年生まれだったら、「羊の惑星」という本を書いていたかもしれない。

干支に強いこだわりを持つようになったのは、西暦一九六六年、昭和四一年生まれであることが関係している。いわゆる、丙午の年である。

丙午に降りかかる不幸な悪評を知らない若い人のために簡単に説明しておくと、この年生まれの女は、気性が激しく、男を食い、結婚すると夫を短命にする、という迷信があった。この悪評が降りかかるのは女性だけである。そのため昭和四一年の新生児出生数は、大幅に減った。

その現象ははっきりと数字に表れている。厚生労働省の統計を見ても、出生率を示す折れ線グラフは昭和四一年でガクンと下に折れ、矢印がつけられて「ひのえうま」という注釈が記入されている。いかにも、「この年に産むのは、できれば避けておこう」という心理が働いたように見える。

そう考えると、児童の数が減って受験戦争などの生存競争が楽になりそうなものだが、あいにく私は早生まれの丙午で、学年は巳年に属したため、各種の競争は楽にはならず、不名誉だけを一身に受けるという残念な立場だった。だからこそ同学年の男子から「やーい、丙午！」とはやしたてられ、必要以上に干支を意識するようになったのかもしれない。


「1972.Sep」と白枠にプリントされた、一枚の色あせたカラー写真がある。白馬に二人の女児が乗っている。後ろにいるのが当時一一歳の長姉で、姉に抱えられるようにしてまたがっているのが、六歳の私だ。引いている人はいない。二人とも満面の笑みを浮かべ、興奮のるつぼといった様相を呈している。

家族で行った白樺湖への旅行。この写真には写っていないが、前には茶色い馬がいたはずで、その馬には牧場のおじさんと年子の次姉が乗っていた。

二頭で連なって界隈の草原を歩いていると、前を行く茶色の馬の肛門が、カメラのシャッターのようにおもむろに開き、ボトッ、ボトッと糞を落とす。そしてまたシャッターが閉まるように肛門が閉じる。その様子がおもしろくて、姉と大笑いしたものだった。

おや……もう一枚写真があった。同じく「1972. Sep」の写真。こちらは茶色い馬に私が一人で乗っている。この時の記憶はまったく飛んでいた。

馬に乗ったのがよほど楽しかったらしく、おそらく翌日も親にせがんで乗せてもらったのだろう。姉たちが写っていないところを見ると、私だけが駄々をこねたに違いない。

別に丙午の生まれだからという理由で、親が馬に乗せてくれたわけではないだろうが、馬に乗ったことは幼い頃の特別な思い出として、いまも心に刻まれている。


人間を乗せて歩いてくれる動物は、あまりいない。

独自の意思を持った大型動物に乗る喜び。一歩一歩、大地が揺れる感覚。足全体から伝わってくる馬の体温。見たことのない高度から見る風景。ふわりと漂う糞の匂い。

馬は、ふだん暮らしている時には気づかない感情や感覚を呼び起こしてくれる。

それは、馬からしか得られない特別なものだ。

これから私は、馬の話をする。馬を求め、いろんな場所や記憶の世界へ向かう。時には遠く荒野の向こうへ走り去ってしまったりするかもしれないが、最後は必ず馬に戻ってくる。

そこからどんな景色が見えるのだろうか？

目次

はじめに 2

第一章 極東馬綺譚 11

火の馬 12
君は馬 24
馬と車 39
そこに馬はいるか 54

第二章 名馬の里、アンダルシア 69

レコンキスタ終焉の地、グラナダ 70
コルドバのすごみ 90
アンダルシアンに乗る 99
馬祭りの街、ヘレスへ 109

第三章 ジブラルタル海峡を越えて 127

二つの大陸 128

青の町、シャウエン 145

砂漠の出会い 158

第四章 テロの吹き荒れたトルコ 195

文明の十字路 196

雪の舞う辺境へ 212

トルコのへそ、カッパドキア 229

第五章 遊牧民のオリンピック 267

未知の馬事文化 268

いざ、イズニクへ 286

馬上ラグビー、コクボル 310

コクボルの摩訶不思議な世界 339

おわりに 350

参考文献・資料 354

馬をめぐる、さすらい紀行地図

帝国書院「白地図」を基に作成

第二・三章

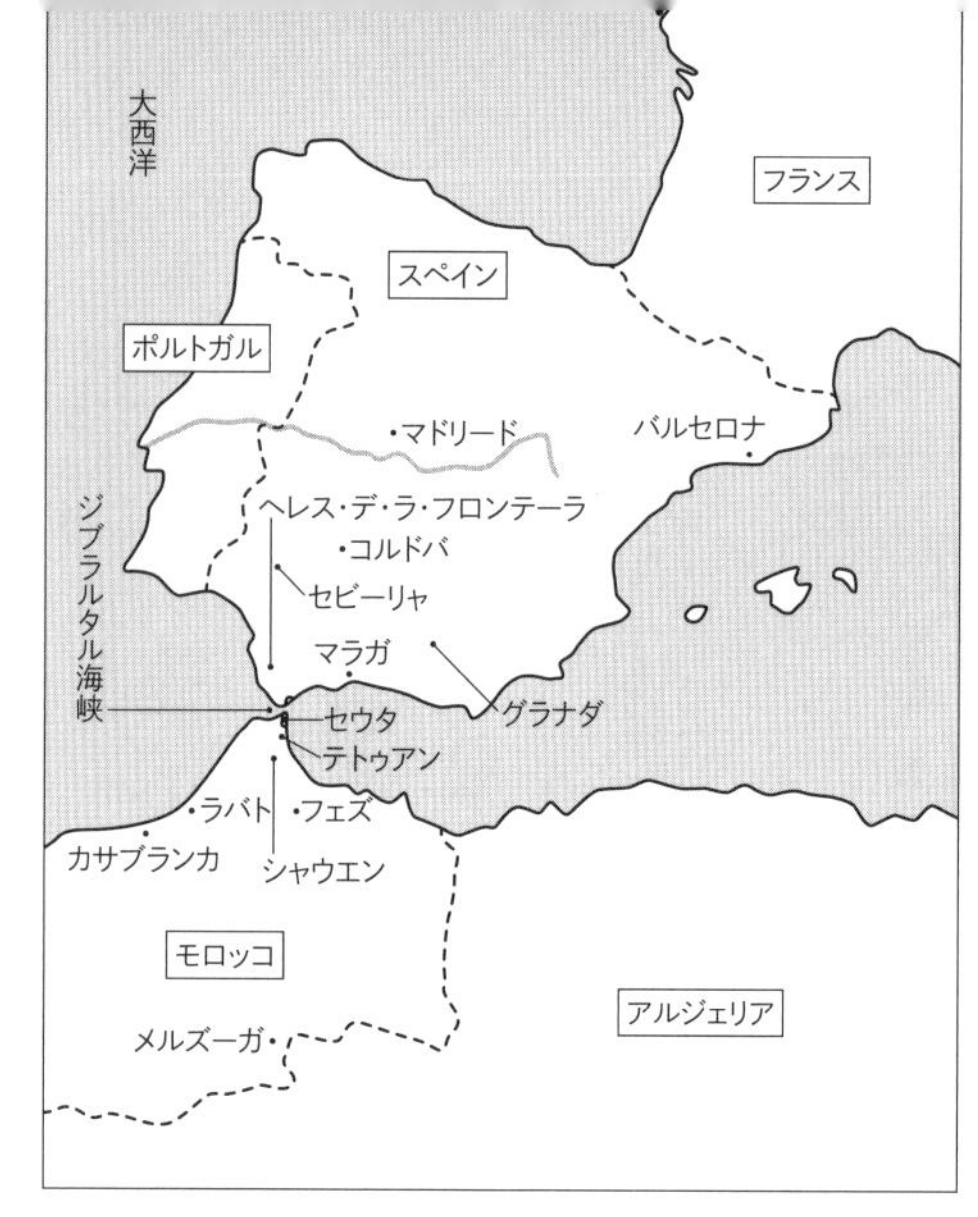

第四章

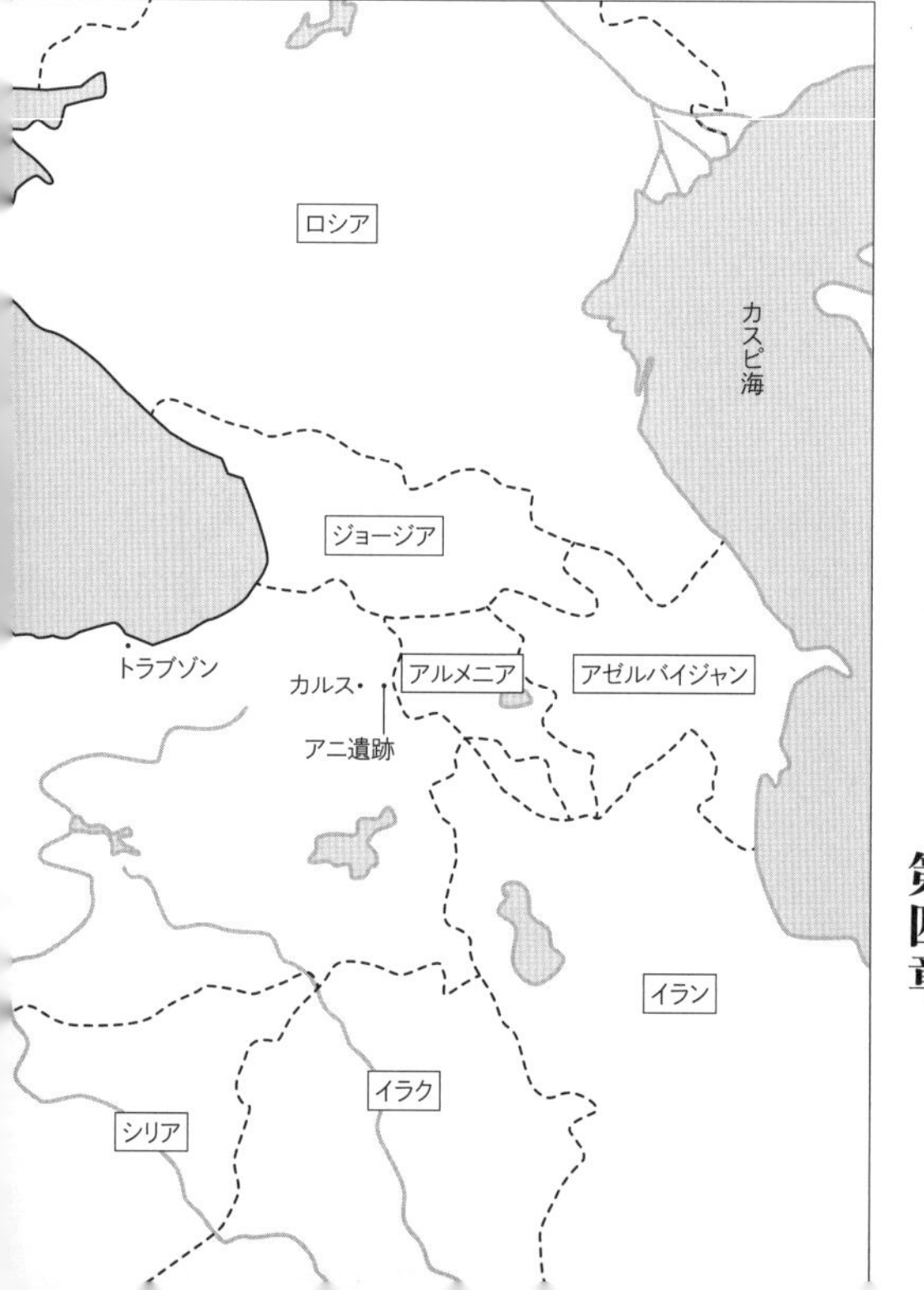

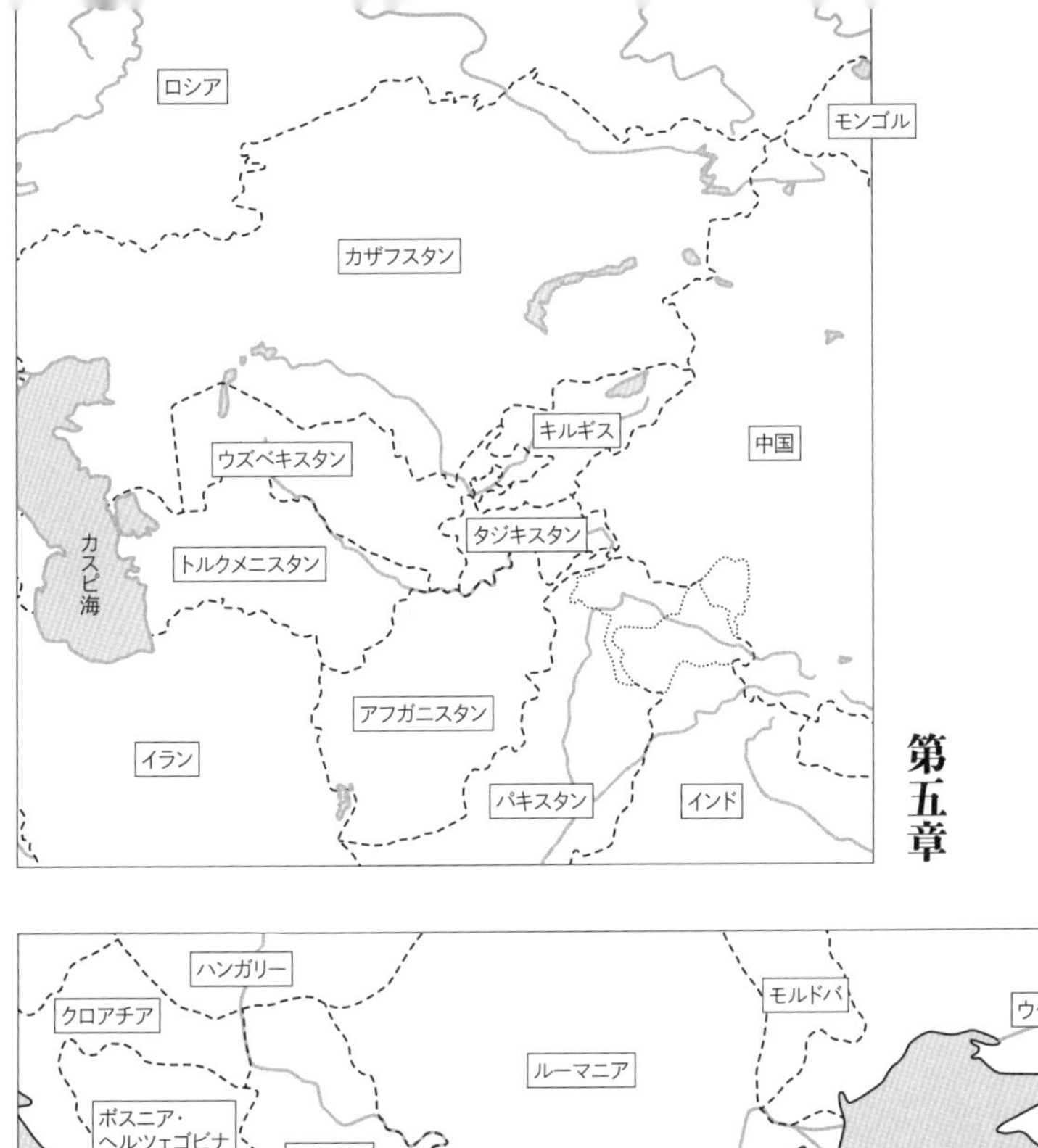
ロシア
モンゴル
カザフスタン
キルギス
中国
ウズベキスタン
タジキスタン
カスピ海
トルクメニスタン
アフガニスタン
イラン
パキスタン
インド

第五章

ハンガリー
モルドバ
ウクライナ
クロアチア
ルーマニア
ボスニア・
ヘルツェゴビナ
セルビア
黒海
モンテネグロ
コソボ
ブルガリア
アルバニア
北マケドニア
イスタンブール
・イズニク
ギリシャ
アンカラ・
トルコ
アテネ
ボドルム
カッパドキア
・マルマリス
地中海
ロードス島

第一章

極東馬綺譚

火の馬

八百屋お七

この年生まれの女は、気性が激しく、男を食い、結婚すると夫を短命にする——。

日本における丙午の迷信は、「八百屋お七」が丙午生まれだったとされることに由来している。

江戸は火事が多い町だった。江戸の三大火事といえば、明暦の大火（一六五七年）、明和の大火（一七七二年）、文化の大火（一八〇六年）が有名だ。中でも明暦の大火は死者一〇万人以上ともいわれる大惨事となり、皇帝ネロ時代のローマ大火（六四年）、ロンドン大火（一六六六年）とともに、世界三大大火の一つと呼ばれている。

話は、明暦の大火がまだ人々の記憶に残っていたであろう、天和二（一六八二）年に遡る。江戸で再び火災が起きた。焼け出された八百屋お七は、家族とともに寺へ身を寄せることになった。いまでいう避難所生活のようなものだろう。そこで出会ったのが、寺の小姓、生田庄之介（いくたしょうのすけ）だった。お七は彼に激しい恋心を抱く。しかし避難所生活という非日常もいつしか終わり、日常に戻らなければならない。家に帰っても、考えるのは彼のことばかり。会いたい。会いたい。でも会えない。どうしたら彼に会えるだろう……。同じ状況を作り出せば、再び彼に会えるのではないか？　火をつけちゃえ！

木と紙でできた家々が密集する江戸の住民にとって、火事は最も恐ろしい厄災の一つだっただろう。それが立て続けに起きる。人々は恐怖に陥る。一体なぜ？　原因は？　そこへ、お七という女性が火つけの容疑で逮捕された、という一報が入る。いまなら各局のワイドショーが、現場や避難所から連日中継を行い、レポーターがお七や庄之介を追いかけ回すような大スキャンダルと映ったに違いない。

現代でも、世間を震撼させた大事件が小説や戯曲、ドラマや映画などの題材になるのと同様に、お七の物語も様々な媒体で盛んに描かれた。最も有名なのは、井原西鶴の『好色五人女』（一六八六年）。この中で、お七が恋する男には「吉三郎」という名前があてられ、その名が広く流布した。歌舞伎では『八百屋お七恋江戸紫』。歌川豊国（三代）の美人画「八百屋お七」。お七は大衆の好奇心を刺激し、芝居や浮世絵など、様々な創作のモチーフとなった。

個人的に強い印象が残っているのは、美内すずえの漫画『ガラスの仮面』に描かれたお七である。

演技の天才、北島マヤと、スターであるライバルの姫川亜弓は、幻の名作「紅天女」を演じるため、師匠の月影千草のもとへ合宿に出かける。そして月影から「火を表現せよ」というミッションを受ける。自らが炎そのものになりきって表現した亜弓に対し、マヤはメタファーとしての火を演じようとする。そしてマヤが選んだ題材こそ、吉三郎への思いを募らせる、八百屋お七の情念だった。

「吉三さん……！　会いたい……！　おまえに会いたい！　火事さえおこれば…また火事さえおこればおまえに会える…」

「火つけは死罪…もしみつかれば殺される…火にあぶられて殺される…」

「燃える…江戸の町が燃える…吉さん　もうすぐだよ　おまえと会えるのももうすぐ…ほれ…あんなに火が…ああ…熱い…熱いよ　吉さん…燃える…なにもかも燃えていくよ　おまえとわたしのなにもかも…」

お七が憑依したマヤの迫真の演技に、亜弓は驚愕する。

「これは……！　お七の心の〝火〟……！　燃えつくされようとしているのはお七自身……！　心の〝火〟……！　こんな〝火〟の表現があったなんて……！」

マヤの天才っぷりを象徴する、『ガラスの仮面』の名場面の一つであった。私の「お七」観は、マヤの影響をかなり受けてしまっている。

単なる「稀代の悪女」では、大衆は熱狂しない。まして三〇〇年以上語り継がれるには、大衆の側に「自分には到底できないが、気持ちはわかる」といった類いの感情の共有が不可欠だ。その点は、彼女の処刑から二〇年近く後に江戸の町を熱狂の渦に巻きこんだ、赤穂浪士の討ち入りとよく似ている。お七にしろ四十七士にしろ、三世紀あまりの時を超えて生き続ける化け物コンテンツといえる。

丙午の迷信が生まれるまで

天和三（一六八三）年「3月、八百屋お七が大井村品川刑場で放火の罪により処刑される」（『品川区の歴史』）。

私が暮らす東京都品川区の歴史にまつわる年表には、このようにお七がさらりと登場する。エピソードの真偽はともかくとして、少なくとも火つけをした「お七」という女性が実在し、その罪で処刑された。処刑されたのが品川宿にほど近い鈴ヶ森ということで、死後は私のような品川区民にも親しみの感じられる人物となった。

「お七は丙午の女」という説を爆発的に流布させたのは、先述のように井原西鶴『好色五人女』だといわれる。

なにしろお七には、「火」の要素が揃っている。最初に焼け出された火事。避難先で出会った思いびとへの、燃え上がる恋心。会いたさが募り、つけてしまった火。燃え上がる江戸の町。そして最期は、鈴ヶ森の刑場で火あぶり。短い人生が火に彩られているといっても過言ではない。

日本では「今年は子年」「来年は丑年」といった具合に、その年を司る動物を「干支」と呼ぶことが一般化しているが、本来は十干（甲乙丙丁戊己庚辛壬癸）と十二支（子丑寅卯辰巳午未申酉戌亥）を組み合わせたもので六十干支という。その年の六十干支で呼ばれる大事件として有名なものに、日本では戊辰戦争（一八六八年）、東アジアでは、日本で文禄・慶長の役と呼ばれる壬辰・丁酉倭乱（一五九二、九七年）、日清戦争を引き起こす契機となった甲午農民戦争（またの名を東学党の乱、一八九四年）、清朝末期の政治改革を目指した戊戌の政変（一八九八年）、そして孫文の起こした辛亥革命（一九一一年）などがある。

いつしか十干の感覚が抜け落ちてしまった日本では、丙午ばかりが悪目立ちしているが、戊辰や戊戌、辛亥と同様、ただ丙と午が組み合わさった年を示すに過ぎない。

中国由来の陰陽五行説によれば、十干と十二支にはそれぞれ、陰と陽、さらに五行（木火土金水）が配されている。この十干と十二支を甲子（きのえね）、乙丑（きのとうし）、丙寅（ひのえとら）……と組み合わせていくと、最小公倍数である六〇年で一周する。人が六〇歳になると「還暦」といわれる所以（ゆえん）だ。余談だが、甲子園球場は大正一三（一九二四）年に完成したため、その年の六十干支「甲子」にあやかって命名された。六〇年周期の始まりにあたる甲子は、とりわけ縁起がよいとされたからである。

陰陽五行説に基づくと、十干の丙は「陽」の火、十二支の午も「陽」の火で、ともに「陽」の火性となる。六〇通りのうち、この組み合わせは他にはなく、最も火の熱量が高く、あっちっち、である。そのため、もともと丙午の年は火災が多い、という迷信があった。

お七が処刑された一六八三年に最も近い丙午の年は、一六六六年。お七がその年に生まれたとするなら、処刑された時には数えで一八歳。これが年端もいかない子どもや四〇代では話にならないが、一〇代後半なら、「火」に彩られたお七の物語としては格好の設定となる。彼女が本当に丙午だったかどうかにかかわらず、こうしてお七＝丙午のイメージは強化されていったのではないか、と想像する。

個人的には、お七が丙午の生まれだったと見なすより、遠く海の向こうで大都市を焼き尽くしたロンドン大火（一六六六年）が丙午の年だったことのほうに、私はこの迷信の底力を感じてならない。

東京消防庁ホームページの「消防雑学事典」は興味深いことを書いている。

「（筆者註・一六六六年の）次の丙午は享保11（1726）年、天明6（1786）年、弘化3（1846）年、明治39（1906）年、昭和41（1966）年となりますが、火災が特に多いという事実を裏付けられる年ではなかったようです。むしろ反対に、昭和41年は全国では、前年の火災件数が戦後最高の記録を残したのに対して、6100件も大幅に減少しています」

日本では、丙午の年に特に火災が多いわけではないというのだ。深読みをするならば、丙午の年は火災が怖いので、全国を挙げて失火に気をつけたのかもしれない。

もろもろの真偽は別として、一六六六年生まれとされるお七の存在が、ちょうど三〇〇年後生まれの私にまで影響を及ぼしたのである。私が生まれた一九六六年は、戦後最初に訪れた丙午だった。その一周期前の丙午は、明治三九（一九〇六）年にまで遡る。二年前の一九六四年には新幹線や首都高速（約三三キロ）が開通し、東京五輪も開催され、次なるあらたな国威発揚イベント、大阪万博（一九七〇年）に向け、さぞやウキウキした時代だったであろうに、それでも出生数は激減したのである。この迷信が、いかに日本の人々の心に根づいていたかの証左であるといえよう。

六〇年に一度という、あまり頻繁に来ないことが、逆にこの迷信の延命に一役買ったのだろう。これが一〇年や一二年に一度くらいの頻度で訪れる禁忌なら、頻繁すぎてやっていられないが、六〇年に一度なら、「できれば避けて通りたい」という心理が働きやすい。

私自身は、丙午を理由に差別されたり、不利益をこうむったりしたことはない、と認識している。ただ、私は結婚していないので、もしかしたら丙午を理由に、事前に去っていった人はいるのかもしれない。白状すると、突然怒り出してその場を焼け野原にすることが年に一度くらいあるので、周りからは「やはり丙午の女は周囲を焼き尽くす」と思われているのかもしれない。実際に結婚して、男を食ったり夫の寿命を縮めたりしない限り、この迷信の真偽は証明できないので、しないくらいでちょうどよかったような気がする。

きっかけは香港

さて、私が丙午に対する印象をいくぶん改めるようになったのは、香港がきっかけだった。私は一九八六－八七年、一九九六－九八年と、計三年弱、香港に住んだことがある。交換留学生だった八〇年代には、言葉を覚えることと異文化に慣れることに必死で、現地の風俗習慣に注目する余裕がなかった。一〇年ぶり二回目の滞在の際は、低所得者層の高齢者が多く暮らす深水埗（シャムシュイポ）に住んだこともあり、日々の生活の中で暦を感じる機会が多かった。

人の生活を知らず知らずのうちに支配する暦。香港では旧暦が生活の中に息づいていた。周知の通り、華人文化圏では正月を旧暦で祝う。春節が近づくと、新しい年を司る動物をあしらった様々な商品が路上に並び、それはそれは愛らしい。十二支に対するこだわりは、日本より強いかもしれない。春の訪れを感じて地中から木の芽がふき、虫が一斉にうごめき始める三月六日頃は啓蟄（けいちつ）。「打小人（ダーシウヤン）」といって、呪いをかけたい相手の写真や情報を書いた紙をサンダルの底で打ちつける、呪いの日である。一族で集まり、墓参りをしてにぎやかに会食をする清明節（四月五日頃）。海や運河でドラゴンボートレースが繰り広げられる端午節（旧暦五月五日。以下、日付はすべて旧暦）。団地や寺廟の前に急ごしらえの舞台が作られ、夜通し粤劇（えつげき）（広東オペラ）が上演される、日本のお盆にあたる盂蘭（うらん）節（七月一五日）。月餅を贈りあい、家族や友人と山に登って月を愛でる中秋節（八月一五日）……。

旧暦の時間軸が体内に存在しない私は、路上でおばあさんたちが紙銭を燃やしたり、近所の団地に突然、粤劇用の舞台が出現したりして初めて、旧暦の何かが近づいていることを認識した。そして慌てて、見よう見まねで祝いグッズを買ったり、それを部屋の扉に貼りつけてみたりして、彼らと時間を共有しようとした。しかしいくらがんばっても、体内に存在しない暦をもとに、心から喜んだり恐れたりすることはできなかった。

香港で生き続ける迷信

香港が中国に返還される一九九七年の前半、私はシェリーという学生時代からの友人と頻繁に会っていた。彼女はその時妊娠中で、出産予定日は、香港が中国に返還される七月一日の直前だった。

彼女は、妊娠にまつわる様々な迷信を教えてくれた。妊婦はカニを食べてはいけない。赤ちゃんが前に歩けず、横歩きするようになるから。エビも食べてはいけない。赤ちゃんの背中が曲がるから。滋養強壮によいとされ、香港では冬によく食べる蛇も、妊婦には御法度だ。赤ちゃんにウロコが生えるから。

失礼は重々承知しつつ、私は爆笑しながら聞いた。彼女は「私だって信じていないよ！　でも姑（しゅうとめ）がうるさいし、万一を考えて食べていない」と言った。

こんな話もしてくれた。香港では風水や八字（誕生した年、月、日、時間を干支で示したもの）を重視し、それをもとに吉凶を占う人が多い。それがエスカレートし、生まれてくる子を最強の運勢にしたくて、最もよい日時を事前に予約し、帝王切開で産んでしまう強者（つわもの）もいるのだ、と。

これにはたまげた。自然界の森羅万象を読み解くために古代中国人が生み出した陰陽五行説をも、人工的にコントロールしようとする香港人。自分の都合に合わせて伝統的価値観と超合理性を駆使する、その新旧いいとこどりが、実に香港らしい。

「私は自然に任せるよ。それにいま気になるのは八字より、返還前に出産できるかどうか。六月中に生まれれば、この子はＢＮＯ（英国海外市民）パスポートが申請できるの」

香港で人気がある年は、日本の亥年にあたる猪（豚）年だという。豚は多産で知られ、子孫繁栄と商売繁盛を連想させるからだ。逆に人気のない年はないのかと尋ねると、彼女はしばし考えこみ、「特にないと思う」と答えた。

私は返礼のつもりで、日本における丙午の迷信を紹介した。三〇〇年前、丙午の年に生まれた女の子が恋人に会いたくて放火して、江戸が焼けて、捕まって処刑されて……話が終わらないうちから、彼女は笑い出した。

「だってその子がその年に生まれただけでしょ。すごい迷信だね。気にしなくていいよ」

カニやエビや蛇を食べるのを忌避する彼女から言われたくない気がしたが、その時気づかされた。そうか、この迷信は日本限定なのか。本家本元の香港人に「気にするな」と言われたら、丙午迷信の威力が格段に下がったような気がしたのである。

日本から一歩外に出ただけで、私は丙午の迷信から解放された。信じていなかったつもりでも、やはり心のどこかで重荷を背負っていたことを、その時実感したのだった。

かくれ丙午

せっかく陰陽五行説に興味が湧いたので、家族（すでに他界した父方の祖父母、両親、二人の姉）の干支を調べなおしたくなった。

うちは二人の姉を除く五人が早生まれ。旧暦の正月は一月半ばから二月半ばの間に来ることが多い。その年の春節がいつ来るかによって、干支がズレる可能性がある。香港暮らしを経ると、誕生日を旧暦に換算して干支を割り出さないと気持ちがわるくなるから、おかしなものである。

ここまで丙午の話題を引っ張っておいて、巳年だったらどうしよう？　この本の、土台そのものが揺らいでしまうではないか。一抹の不安を抱えながら、自分が生まれた一九六六年の旧暦をおそるおそる調べ始めた。

私の誕生日は、旧暦でも丙午だった。よかった！　丙午に属すことに、これほど喜びを感じたのは初めてだ。

私と誕生日が同じである父も、干支は変わらなかった。

一方、一月生まれの祖父母と母の干支は、前年に属すことが判明した。すでに他界した祖父母はさておき、母は自分が亥年だと思ってこれまで生きてきた。それを「中国方式では戌年ですよ」などと、お節介を言うべきなのだろうか。悩むところだ。そっとしておこう。

驚いたのは祖母である。祖母は明治四〇年の一月初旬生まれで、旧暦に換算すると前の年に属する。前年の干支はというと……丙午ではないか！

祖母はかくれ丙午だったのか……。母親と娘の、ダブル丙午に挟まれた父が、そこはかとなく哀れに思えた。

あと数年もすれば、あらたな丙午が日本に誕生する。二〇二六年、出生児はまた激減するのだろうか。待ちに待った仲間を、諸手を挙げ、温かく迎えたいものである。

君は馬

老李の数奇な人生

一九九八年二月。香港が宗主国イギリスから中国へ返還され、初めて迎えた旧正月のこと。私は招かれて、友人である日本人編集者の家に向かった。

銅鑼湾(コーズウェイベイ)駅から歩いて数分の場所にある、かつてはそこそこ高級だったと思われる、古い賃貸マンション。自分が暮らす違法建築の古アパートや、とにかく狭い面積に大勢を収容することが目的で建てられた公立の団地とは異なる空気が流れている。なにしろ、床が飴色の寄せ木細工だ。木の床を踏むのは、日本を離れて以来のことだった。

「とにかくおもしろい人がいるんだ。いつか会わせたい」

友人にそう言われたのは、かれこれ数か月前のことだった。ようやくその人物と会う機会に恵まれたのである。

香港に来てすでに一年以上がたち、それなりにいろんな人と出会ったが、日本人による「お呼ばれの手料理食事会」というシチュエーションは今回が初めてだった。これが日本なら、近所でワインか総菜などを買って気軽に訪れるところだが、歴然とした格差社会の香港で、しかも私が暮らす深水埗のように低所得者層の多いエリアでは、そんな類いのものは売られていない。たまたま家に、人から頂いたワインが一本あった。それをビニール袋に入れ、小脇に抱えていった。

出迎えてくれたのは、友人とその妻、そして友人の同僚女性の、計三人だった。全員が日本人である。お目当ての人物は、まだ来ていないようだ。

「多分三〇分くらい遅れるんじゃないかな。いつものことだよ」と友人は言った。

ワインを飲みながら待つこと小一時間、ようやくその人物は姿を現した。

ベージュ色のロングコートに中折れ帽、グレーのカシミヤのセーターにツイードのパンツというでたちの、銀髪のスマートな好々爺（こうこうや）。「なじみのテーラーショップに立ち寄ったら、なかなか帰してもらえなくて」と詫びながらコートを脱ぎ、帽子とともに友人の妻に渡す。少なくとも私は香港で、これほどだたずまいが優雅な人と会ったことはなかった。財力も教養もある北方出身の人、それが李さん——親しみをこめて老李（ラオリー）と呼ぶことにしよう——の第一印象だった。

大連から香港へ

老李は非常に流暢で丁寧な日本語を話した。満洲国（中国では侮蔑をこめて「偽満洲国」と呼ぶ）が存在した時代の大連で生まれ育ち、日本語教育を受けたためだ。さらに、私の耳には大変心地の好い普通話（中国の公用語。いわゆる北京語）を話した。

一方、広東語は話せなかった。香港はもともと、様々な時代に様々な理由で中国をあとにした亡命者と難民の多い街だったため、非広東語話者が案外多い。特に日本の侵略と国共内戦を機に大陸をあとにした世代は、広東語を話せない人の割合が高い。そのため、広東語が話せなくても生きられる街だった。最近の香港は、香港人のアイデンティティと広東語があまりに一体化し、普通話話者を排斥する動きが出ていることが心から残念である。

日本人四人に老李一人が中国人という面子だったが、会話は日本語で行われた。東アジアで日本語を話す高齢者に遭遇すると、日本人としては罪悪感でいっぱいになる。相手がいくら日本語が上手であろうと、できるだけ日本語以外で話そうと試みる。しかし老李と友人夫妻とその同僚は広東語が、私は普通話が得意ではない。結局、この日の列席者五名全員が意思疎通できる共通言語は日本語しかなかった。

老李はその言語能力を生かし、香港駐在の日本人妻たちに普通話を教えたり、観相（顔相占い）をしたりして生計を立てていた。また、私が連載を持っていた日本人向け情報誌で、干支占いコラムを書いていた。広義で私たちは、仕事仲間だった。

老李は、たちまち私たちを虜にした。歴史の語り部といった具合に、とにかく話が魅力的なのである。中華人民共和国建国前の中国大陸で生まれ、香港に逃れてきた人に、安寧な人生を送った人など一人もいない。その洒脱なたたずまいからは想像がつかないほど、彼の人生も壮絶だった。

老李の父親は大連で果樹園を営む大地主だった。八路軍がいよいよ大連に迫っているとの一報を受け、一〇代後半だった老李は南へ向かう列車へ一人飛び乗った。前の晩、母親にだけはその決意を告げた。泣かれたが、決心は揺らがなかった。

「家族全員で逃げようとは思わなかったのか?」という私の問いに対し、もう聞かれ慣れているかのように老李は言った。

「父は先祖代々の土地を離れる気はない。家族を説得しようとすれば、一日、二日と時間が過ぎていく。それでは一人も助からない。ああいう時は、一人で決断するものだ」

結局、それが両親と共に過ごした最後の日になった。文化大革命(一九六六‐七六年)が終わるまで中国に帰ることはできず、大連を再訪したのは、家を出てから三〇年以上が過ぎたあとだった。故郷に残って辛酸をなめた兄と再会した時、彼が大連を去った後、じきに父親がりんごの木で首を吊って自殺したことを知らされた。母親は、文革をかろうじて生き延びた。しかし老李が里帰りする前に亡くなっていた。

観相は統計学

そんな重苦しい話をしたかと思えば、突然話題を変えて炒飯の極意を話し始める。炒飯をおいしく作るポイントは、一にも二にも米の乾燥具合が重要。大連時代、彼の家では、晩に残った御飯を大きなザルにあけ、一晩外で乾燥させておいた。そうして粘りけがなくなった御飯を炒めるのが、おいしい炒飯を作るコツなのだという。

「使用人がいつも、そうやって作っていた。母は料理をしなかったから、料理はすべて使用人から教わった。それが香港でも役立った」

血縁者も知りあいも誰一人いない香港に逃げ、最初は路上生活を送った。そして親切な警察官に拾われ、しばらくは警察で働き、警察の官舎で暮らしたという。警察がどうしても肌に合わず、飛び出してからは、日本語教師や普通話教師をして食いつないだ。そして最終的には、見よう見まねで覚えた「観相」で生計を立てるようになったのだという。

ふむふむ、とうなずきながら、ん？　と立ち止まった。観相は手相、骨相、顔相などからその人物の性格や気質を予測する学問で、六十干支と同様、古くから中国に伝わる、いわば知恵の総結集であろう。それほど簡単に習得できるものなのだろうか。

「観相は、正直言って統計学よ。額の広さ、眉の位置、鼻の形、顔の骨格、そういうもので性格が決まっている。それを覚えればできる。路上で人を眺める時間が長かったから、いつの間にか覚えてしまった」

　何かひっかかるところはあったのだが、酒の力もあっていい気分になっていたので、そのまま会話は進んでいった。

　この日の主役となった老李は、すっかり気をよくし、「君たちのことを占ってあげよう」と言い出した。友人の同僚は「それを待っていたんです！　私の結婚運を占って」と言い、身を乗り出した。そうか、彼女が今日ここへ来た目的は占ってもらうことだったのかと、この段になってようやく気がついた。

　私は占いを好まない人間だ。おみくじの類いも買ったことがない。美容院で読むファッション誌に掲載された占星術コーナーを絶対に見ないというほどの拒否はしないものの――あれは不特定多数を想定したものだから――、自分自身を直接占ってもらうことには強い抵抗感がある。占いが嫌いというより、暗示や言霊に弱い人間なので、人の発言に不用意に影響を受けたくないのだ。手遅れになる前に「私のことは絶対に占わないでください」と老李に念押しした。占い目当てで近づいてくる人間が多いのか、老李はキョトンとした顔をしたが、「わかった、そうしよう」と言い、早速友人の同僚女性の結婚運について占い始めた。

どこまでも走っていく馬

その間、私は友人夫妻と他愛もない話を続けていた。サービス精神旺盛な老李は、占いをしないと申し訳ないという気持ちがあるらしい。ちらりちらりとこちらを見ては、「君のおでこを見なさい」と言い、私が「占わないで」と制止しても、「脳みそがいっぱい詰まっておる」などと告げて歓心を買おうとする。そして引き続き結婚運の話をしながらもこちらを向き、「何年生まれだね?」と尋ねる。「一九六六年ですけど、占わないで」と、再び私は制止する。

「丙の午(ひのえうま)か……」

老李はパッと暗算し、何事かを思いつめたかのように黙りこんだ。そして結婚運の話を止め、私のほうに向きなおった。

「君は、馬だ」

「そりゃ、そうですよ」

「いや、そういう意味じゃない。馬そのものだ」

「占わないでくださいよ」

「一言言わせてくれ。駿馬(しゅんめ)……いや、駿馬とは少し違う。どこまでも走っていく馬だ」

そう一言告げると老李は、再び結婚運の話に戻っていった。

杯を重ねたワインで朦朧とし始めた頭に、その言葉がぐるぐるこだました。

どこまでも走っていく馬……。どういう意味だ？

単純に聞けば長所のように思える。しかし同時に、「行ったきり帰って来ない」という意味にもとれる。短距離走より長距離走が向いているという意味なのか。あるいは、目的地を決めずに走り出し、帰り道を見失うという意味なのか……。

含蓄する意味を知りたい。しかしそれを尋ねれば、占いの誘惑に敗北したことになる。早くも私はその言葉に呪縛され始めていた。だから占いは嫌いなのだ！

私たちが友人宅をあとにしたのは、長い長い夜が終わり、空も白んだ明け方だった。上環(ションワン)に住む老李は車で送ると申し出てくれたが、私はフェリーと地下鉄を乗り継いでぼちぼち帰るつもりだったので、マンション前の路上で別れた。

軒尼詩道(ヘネシーロード)をとぼとぼ歩いていると、背後からブォォォォッという轟音に続き、けたたましいクラクションが聞こえた。驚いて振り返ると、真っ赤なスポーツカーが減速して近づいてきた。馬のエンブレムがついた高級車だ。運転席には老李が、助手席には二年後に結婚できるだろうと予言された女性が座っていた。

「またいつか会おう！」

老李はそう言って手を振ると、再びブォォォォッとアクセルをふかし、颯爽と走り去っていった。

どこまでも走る馬は、私ではなく、老李のほうだった。

真っ赤なフェラーリの真実

君は、馬だ。どこまでも走っていく馬だ――。

老李にそう告げられた会食から半月後。次号の連載原稿の打ち合わせをするため、招いてくれた友人と深水埗で再会した。

老李は噂に違わぬ魅力的な人だった、あれほど上品な人に香港ではお目にかかったことがない、よろしく伝えてほしい、とひとしきりお礼を言うと、「だろ？　本当におもしろい人だよ」と友人は喜んだ。

「いつか連絡があったら伝えておくよ。こっちからはなかなか連絡が取れないから」

瀟洒なマンションでひとり静かに暮らす老李が、静寂な生活を乱されることを嫌い、電話やポケベルを遠ざける様子を脳裏に思い描いた。

さらに帰り道で、老李の運転する真っ赤なスポーツカーに遭遇した話をした。

「ああ、あれね。あの車のために高い車庫代を払っているんだから、馬鹿みたいな話だよ。家賃はタダなのにさ」

どうも話がかみ合わない。頭にいくつか疑問符が浮かんだ。

「家賃がタダとは、どういうこと？」

「政府が生活保護受給者のために提供した住宅に住んでいるんだ」

「金持ちなのに？」

「あの人が金持ち？」

友人はそう言うなり、ゲラゲラ笑い出した。

「だって、身なりは上品だし、高級車に乗っていたし……」

「生活保護を受けて、野戦病院みたいな、二段ベッドがずらっと並んだところに住んでいるよ！」

何かが音を立ててガラガラと崩れていった。


それから友人は、長い物語を聞かせてくれた。

彼が老李と出会ったのは数年前。おもしろい人なのだが、とにもかくにも、金がない。困窮するたびに連絡が来て、飯をごちそうし、小遣いを渡す。少しでも自力更生を促そうと考え、香港駐在日本人妻相手の普通話教室も、日本人向け情報誌の占いコーナーも、彼が紹介した。

「香港にまったく身寄りがない人だから、半分、親孝行みたいなつもりでやっているよ」

老李はその前の年、大病を患った。心臓を手術し、入院も長期にわたった。結構な金額がかかったが、それもすべて友人が立て替えた。

皆保険制度がない香港では、病院で受診するだけで法外な金がかかる。私はたまたまその数週間前、腹痛で七転八倒し、幸い海外旅行保険に加入していたため、高級なことで有名な銅鑼湾の港安医院（アドヴェンティスト・ホスピタル）に駆けこんだ。原因は、直前に訪れた北京で、焼き栗を食べ過ぎたために引き起こされた胃酸過多だった。結局、胃薬を処方されて事なきを得たが、保険会社が病院に支払った金額は七〇〇香港ドル（当時のレートで約一万五〇〇〇円）だった。

あまり金をかけられない人には、公立病院へ行くという選択肢が残されている。が、早朝から並んで整理券を取らなければ受診することすらかなわず、しかも手術が一年後、二年後ということはザラだった。

老李が早急に手術を受けられたところを見ると、それなりに評判のよい私立病院だっただろうから、友人が立て替えたお金は、相当な金額にのぼったはずだ。

友人の厚意に老李は涙を流して感謝し、「六合彩（マークシックス）（香港で大人気の宝クジ）に当たったら、必ず金は返す」と約束した。

「返してもらおうとは思わなかったけど、その言葉は嬉しかったな。この人も死を前にして、やっと心を入れ替えてくれたか、と思ったね」

そして、とうとうその日がやってきた。占い師だからなのだろうか、本当に六合彩を当て、多額の賞金を手に入れたのである！

「ああ、これで野戦病院みたいな部屋からは出られるな、全額じゃなくても、少しは金を返してくれるだろうな、と思った。ところがあの人、どうしたと思う？」

まさか……。

「そうだよ、あの真っ赤なフェラーリを買っちゃったんだ！　しかも大連に行って豪遊して、親戚じゅうに金をばらまいた。結局、金はほとんど使い果たしてしまった」

中国、革命、亡命

私は動転していた。

そこまでされて、彼はどうして老李と縁を切らないのだろう。

「だって、本当に愛すべき人だからさ」

老李と過ごしたひとときを反芻し、故意にはしょったと思われる箇所、ひっかかった箇所を整理し、謎に包まれた人生を想像するべく、パズルのピースを埋めていった。

老李の出自が嘘だとは思わない。一方、半世紀近くに及ぶ香港での生活には曖昧模糊とした点が多かった。

「革命」や「亡命」という言葉に極度に弱い私は、その二つが登場した途端に脳内がロマンでいっぱいになり、脇が甘くなる。いったんその物語を構築してしまえば、枠の外へは容易に出られなくなる。自ら、まんまといっぱい食わされたわけだ。

おそらく老李は、よいカモにできそうだと踏み、私の友人に近づいたのだろう。中国に対して日本人が抱く罪悪感につけこんだ側面も垣間見える。そして友人は、たかられていることを重々承知しながらも、できる範囲で資金援助をし、仕事まで紹介し、なんとか自力更生させようと腐心した。日本人としての贖罪意識もいくぶんかあっただろう。なかなかできることではない。いい奴だ。

老李は、中国・香港・日本のどこにも根っこがない。しかしそのハンディを、逆に活用することができた。

彼がたどった苦難の逃避行は、香港ではそれほど珍しい話ではないから、香港人相手にはまったく通用しない。同情すらしてもらえない。

ところが日本人が相手だと、私のようにうっとりして聞き惚れ、没落貴族の悲哀みたいなストーリーを勝手に思い描く人間が出てくる。そこが狙い目だ。おそらくロシア革命直後のパリやハルビン、上海、イスタンブールなどにも、ロマノフ家の末裔やロシア貴族を自称する詐欺師がたくさん出没したことだろう。

老李が生計の足しにしている、占いについても然りだ。

彼は観相について、「路上で人を眺める時間が長かったから、いつの間にか覚えてしまった」と言った。それを私は好意的に、「寸暇を惜しんで学習したに違いない」と解釈した。しかしあれは路上生活が長かったことの吐露だったのかもしれない。ここだけは多分、真実なのだろう。

風水や八字というと目の色を変え、人生の節目には、正当な職業訓練を積んだ風水師に依頼して運勢を占ってもらう香港人には、付け焼刃の占いなどたちまち見破られてしまう。香港人相手では、老李の商売は成立しない。

しかし彼が相手にするのは、日本語しか話さず、日本人のコミュニティで生きる駐在員妻や、現地採用の日本人である。ふわっとした、いかにもそれっぽい見解を並べるだけで、彼らなら信じてくれる。

友人から老李の長い物語を聞いた私は、あまりの衝撃に、しばらく二の句が継げなかった。猜疑心の強い自分は、詐欺師に騙されることはないだろうと思っていた。日本で、天皇家の親戚だとか、貴種の末裔だとか言われても、騙されない自信があった。

ところが、中国、革命、亡命という、大好きな三点セットが揃ったら、まんまと騙された。いや、私の場合、実害は何もなかったのだから、騙されたとは言えない。しかも最初から最後まで、楽しかった。老李に罪はない。省みるべきは、自分の先入観がいかに目を曇らせたか、だけだ。


君は、馬だ。どこまでも走っていく馬だ――。

占いの類いを一切信じない私が、唯一信じたいと思ったこの言葉も、すべてでまかせだったのだろうか。

いまでも私は、この言葉に呪縛されている。

あの晩、友人夫妻に手厚くもてなされ、私たちから人生物語をせがまれた老李は、とても上機嫌だった。多大な世話になっている友人夫妻の手前、何かサービスしようという気持ちが生まれるのは自然だったはずだ。そこで占いでお返しをしようと考えた。

ところが占われることを嫌う私が、その申し出を辞退した。老李のプライドはいくぶんか傷つき、「よし、ここは威信をかけて、真骨頂を見せてやる」と、その時だけは本気を出したのではないだろうか。

老李がどんなつもりだったにせよ、私は彼の発言を忘れなかった。このエピソードを書きたくなるくらい、忘れられなかった。

きっと、この時だけ、老李は本気を出した。

心の片隅で、いまも固く信じているのだ。

馬と車

馬のいる自動車学校

朝日の当たる馬場に、馬が一頭、また一頭と引き連れられ、放たれる。一日じゅう馬房で過ごす馬たちにとっては、人間たちが動き出す前のこのひとときが、唯一自由になれる時間だ。全速力で彼らが走る姿を見たくて、この時間を狙って早起きした。

馬場に放たれた彼らは、喜びいさんで駆け回るかと思いきや、だらだらと適度な速歩で進み、木でできた柵の前でめいめいがぴたりと脚を止めた。そして柵の下に長い首を伸ばし、馬場の外に広がる草をはみ始めた。

走らないのかい！　せっかく自由になったのに。

馬場の反対側からじっと目を凝らしていたが、彼らの目下の関心事は、草をはむこと、以上、だった。

あ、走った！　と思えば、馬の間で草をめぐる小競りあいが起きていた。自我の強い馬が自己主張の弱い馬を威嚇し、弱いほうの馬がちょこっと走って別の場所へ逃げる。そして身の安全を確認すると、再び一心に草をはんだ。

馬は、意外と走らない動物である。

本当に必要な時に全速で走れるよう、力を節約しているのだろう。


二〇一〇年五月、私は長崎県五島列島の福江島にいた。島にあるごとう自動車学校で自動車運転免許取得の教習を受ける、いわゆる合宿免許をするためだ（この時の教習体験については、集英社文庫『島へ免許を取りに行く』で書いているので、関心ある方はそちらをお読みいただきたい）。

その頃私は、生まれた時から世話をしてきた愛猫ゆきを亡くし、さらにほぼ時を同じくして人間関係のゴタゴタが重なった。やぶれかぶれな気持ちになり、どこかへ行ってしまいたい気分が高まっていた。縁もゆかりもない場所へ行き、従来の自分だったら諦めそうなことに挑戦し、頭も体もクタクタにしたかった。

「そうだ、免許を取ろう」

そして、できるだけ東京から遠い、五島へ行こうと思ったのだ。

五島行きの決め手になったもう一つの理由が、馬の存在だった。

ごとう自動車学校には、ダジャレではなく——いや、もともとはダジャレだったのかもしれない——五頭の馬がいた。

「自動車の運転は人命に関わるものです。馬とのふれあいによって、優しさを大切にする安全運転者になって頂きたいと願い、全国唯一の乗馬体験が出来る自動車学校が五島に誕生しました」(ごとう自動車学校の二〇一〇年当時のホームページ)

自動車学校に馬がいる――。

意味がわからない。しかしその意味不明な響きに心が躍った。

猫を亡くし、東京の人間関係に疲れた私には、動物と過ごせることは何ものにも代えがたい魅力に映った。

自動車学校は、福江島の南側、大浜海岸に面して建っている。寮の部屋からは、ヤシの木がところどころに立つ教習コースと、その向こうに広がる海を眺めることができる。

そして寮の裏側には、教習コースの二倍以上はありそうな広い馬場と小さな丸馬場があり、その隅に厩舎(きゅうしゃ)があった。そこにファンタジスタ、コータロー、エフィーブラック、アキタコマチではなくアキコマチ、そしてポニーのミセスゴジョウという、計五頭の馬が暮らしていた。

技能教習と学科をすべて終わらせて最短半月ほどで仮免許まで取る合宿生は、目も回るほどの忙しさだ。私の場合も、午前、午後とびっしり予定がつまり、夕食後もナイターで技能教習が入っている。その合間を縫ってようやく初めて馬に乗ったのは、入校して三日目のことだった。

乗せてもらったのは、小柄なエフィーブラック。厩務員のKさんにブリティッシュの鞍（くら）[*1]を馬装してもらい、台に乗って騎乗する。そしてKさんが引き綱を摑んで先導する、いわゆる「引き馬」で、馬場を何周か歩いた。

この時の感覚は忘れられない。

小柄な馬でも、これほど視線が高くなるのか。馬が歩くたびに上体が揺れ、足をのせた鐙（あぶみ）と手綱という、固定されないものにしかすがれない不安。いまは引いてくれる人がいるから心配ないが、いきなり走り出したらどうしよう？　馬とどのようにコミュニケーションをとったらいいのだろう？

しかしそんな不安よりも、喜びのほうがはるかに優った。馬体にまたがった両足全体から馬の体温が伝わってきて、自分はほとんど運動していないにもかかわらず、体がじきにぽかぽか温まる。何十キロという重さの人間を乗せ、文句も言わず、黙々と歩き続ける馬の愛おしさと、それに対する申し訳なさ。

その日は、三〇分ほど馬場を歩いて乗馬体験が終わった。そのあとは馬を洗い場へ連れて行き、汗を拭いて入念にブラッシング。仕上げに、蹄鉄（ていてつ）の間にたまった土やゴミを取り除く「裏掘り」作業をして、馬房へ返した。

車から馬への逃避

四〇歳を過ぎてから自動車の運転に挑戦した私は、その世界観を受け入れるのになかなか難儀した。

車の運転は、脳内のOSをすべて入れ替えるような作業に私には映った。

まずは風景の見方を根底から変えなければならない。視線を前方に集中させながら、同時に後方、左右にも目を配り、意識を分散させる難しさ。鋼鉄の着ぐるみをまとうように、大きな車体を自分の体の延長として操る感覚。

さらに、危険の予測。歩く時、人はおおむね現在だけに集中していればよいが、車に乗って前進する速度が飛躍的に上がれば、危険もまたそれと同じ速さで迫ってくる。常に未来を予測して、最悪の事態に備えなければならない。それらすべてのことが、これまでの日常にはまったく存在しない感覚だった。

そうした感覚の変容は、興味深いものだったが、運転の現場に言語化は御法度だ。脳で考えてから体に伝えるのでは遅すぎる。言語化を経ずに体が反応するよう、頭で考える習慣を作ら

＊1　日本の乗馬のスタイルは、イギリス式の「ブリティッシュ」とアメリカ式の「ウェスタン」に大きく分けられる。両者では乗り方や道具、服装が違う。オリンピックの馬術競技は「ブリティッシュ」を基本にしている。

ないよう、感覚を体に叩きこむ、それが教習だ。それなりに長い時間を生きてきた人生経験がまったく生かせない分野だった。

なかなか運転は上手にならなかった。午前の教習がうまくいかない。落ちこむ。厩舎へ行って馬を撫でる。午後の教習もうまくいかない。落ちこむ。厩舎で馬のボロ（糞）掃除を手伝う。若い合宿生がメキメキ上達して仮免試験に合格し、次々と島を去っていくのを、私は見送る立場だった。いつしか厩舎へ入りびたるようになり、馬にもひとりで乗せてもらえるようになった。私があまりに落ちこんでいたため、「好きなだけ馬に乗せてあげてほしい」という校長先生の配慮があったと知らされたのは、ずっとあとのことである。

だだっ広い馬場で、ひとりエフィーブラックに乗り、軽速歩(けいはやあし)*2で走っていると、遠く教習コースで合宿生たちが車の教習を受けているのが見えた。

どう考えてもおかしいだろう。

自動車学校で、車ではなく、馬に乗っているなんて。

その頃私は、免許の取得は半ば諦め、「車のかわりに馬を覚えて帰ろう」と思い始めていた。だからそれなりに必死で馬に乗った。

「馬はかわいい。車は全然かわいくない」

そんなことを先生に言うと、

「馬と比べたら、車なんて簡単じゃろ！　アクセル踏んでハンドルば回せば、思い通りに走ってくれるけん」

と叱られた。

馬は乗り物？

馬と車、両方にほぼ同時に乗り始めたことは、私の中で不思議な余韻を残した。

馬は、動物であると同時に、乗り物である。

車に意思はない。ガソリンを入れてエンジンをかけ、正しい操作をすれば自在に動く。

しかし、馬は自我を持っている。走りたくもないのに、人間に乗られて鞭（むち）で打たれたら走らなければならず、逆に、走りたいのに、人間から制御されれば止まらなければならない。馬と接していると、ただ楽しい、かわいい、だけではない、なんともいえない申し訳なさが湧き上がる。

馬は本来、自由な存在だった。ところが幸か不幸か、歯の間に馬銜（はみ）をかませて手綱で操れば騎乗できることが人間にバレてしまい、飼育されるようになった。大型動物であるから、事故

＊2　馬の歩き方・走り方には四種類ある。速度が速くなる順に常歩（なみあし）、速歩（はやあし）、駈歩（かけあし）、襲歩（しゅうほ）という。ゆったりと歩くのは常歩、小走りの状態が速歩、草原などを駆けるイメージは駈歩、競馬のように全速力で走るのが襲歩。軽速歩は速歩の時、騎手が馬の動きに合わせて鐙に立つ、鞍に座る、を繰り返すことをいう。

を避けるためにも、関わる以上は人間がコントロールしなければならない。

計算高い人間と関わる限り、馬は仕事を与えられる。乗り物として。運搬作業や重労働を行う動力として。食べられる馬もいる。地域によっては、いまだに戦争にもかりだされる。皮は皮革製品に、尻尾はヴァイオリンの弓に、皮脂は化粧品に使われる。

猫を溺愛し、猫に仕える従者と化していた私には、動物をコントロールし、何かをさせる立場に立つことに、大きな戸惑いを感じるのだった。

もしその罪悪感を払拭できないのであれば、一切馬に関わるべきではない。溺愛だけして制御できない人間は、馬にとって害悪ですらある。走る馬の写真や映像を見ては喜び、馬のキャラクターグッズを買ったりして悦に入るくらいでとどめるべきだった。

しかしその地点に戻るには、もう遅すぎた。馬が見せてくれる新しい世界に、すでに魅了されてしまった。

馬に乗ると、これまでに味わったことのない感覚が芽生える。体の奥深くに潜んだ何かが呼び起こされるような感覚。それは、引き出しにしまって忘れ去っていた記憶なのか？　それともまだ使ったことがない身体能力のようなものなのか？

その時はまだわからなかった。

結局私は、福江島で仮免に合格するまでの一か月間、馬三昧をさせてもらった。限りなく贅沢な時間であった。

東京に戻って一週間猛勉強をしたあと、無事、自動車免許を取得することができた。

五島へ行く前に心身の調子を崩してから免許取得までの道のりを振り返ると、感慨深いものがあった。この歳になっても、何かに向かって必死に努力をすれば、得るものは必ずある。その実感は、自信を失いかけていた自分には大きな心の慰めとなった。

それ以上に嬉しかったのが、自由への予感のようなものだ。

これからは、そこに道がある限り、どこへでも走って行ける。実際に行くかどうかは関係ない。「行けない」状態から「行ける」に昇格したのだ。その途端、脳内の想定行動範囲は格段に広がった。「行ける」がもたらす解放感に、めまいがした。

そして自由の予感に刺激され、次の欲望が芽をのぞかせていることにも気づいた。

馬への未練だ。

もう少し、馬と付きあってみたい。今度は自然の風景の中で乗ってみたい。そんな思いが膨れ上がった。

もしかしたらその一回で、諦めるかもしれない。懲りるかもしれない。それでもかまわない。付きあうにしろ諦めるにしろ、何かきっかけが欲しかった。

馬に初めて触れたのが白樺湖なら、初心に返る意味をこめ、長野県へ行ってみよう。

そして早速、外乗(がいじょう)ができる場所を探し始めたのだった。

初めての外乗

思い出深い白樺湖の近くに、モンゴル馬で外乗ができる牧場がある。外乗とは乗馬施設を出て、自然の中で馬に乗ることで、ホーストレッキングともいう。

長野や山梨には外乗のできる牧場やクラブがいくつもあるが、私がその牧場に惹かれたのはモンゴル馬の存在だった。

馬が好きな人は少なくないが、イメージする世界は人それぞれ異なっている。正装してサラブレッドにまたがり馬術をする様子を思い描く人もいれば、ウェスタンハットにウェスタンのブーツといういでたちで、荒くれ馬にまたがるような世界観を好む人もいる。その好みによって、乗る馬の種類や行きたい聖地も異なる。

私が思い描く「馬の世界」はモンゴルだった。

馬とともに生きる人々。一三世紀に世界最大の帝国を築いたモンゴル帝国。ヨーロッパを恐怖に陥れた騎馬軍団。想像するだけでわくわくした。

うちからその牧場までは二〇〇キロ以上の距離である。いまならそんな無謀なことは絶対にしないが、運転初心者は怖いもの知らずだ。免許取得からまだ三か月もたっていないというのに、中央自動車道を飛ばして一気に走った。

広大な牧場の中のあぜ道におそるおそる入っていくと、モンゴル式のゲルがいくつも見えた。

そしてその奥に、簡素な木の柵で囲まれた小さな馬場があった。

その日の客は、両親に連れられて来た一〇歳くらいの女の子と私の二人だった。初心者でも参加できる、馬場レッスン二〇分＋外乗五〇分という七〇分のコースである。

モンゴル馬は、サラブレッドよりはるかに小さい。北海道の道産子（どさんこ）ほどずんぐりモコモコはしていないが、脚は短めで太く、安定感がある。体の小さな東洋人が乗るのにぴったりの大きさだ。モンゴル馬を見ていると、速く走らせるため、サラブレッドがいかに不自然な交配をさせられてきたかがよくわかる。

手綱はまさに綱そのもので、鐙は足をかける部分が丸く、面積が広いため安定感がある。鞍もブリティッシュやウェスタンとはまったく異なり、鼓に似た小さな椅子のようなものがのっている。モンゴルでは長距離を走るため、腰や尻の疲労を減らす立ち乗りがメインなのだという。

基本的な動きを教わったあと、オーナーとインストラクターの青年がそれぞれ馬にまたがり、私たち二人を先導して馬場の外へ出た。オーナーは女の子、青年は私の担当だ。

大粒の水蒸気が宙を漂っているような、高原特有のひんやりした空気の中、馬と人がかろうじて通れる幅の土の道を、常歩（なみあし）*2で進んでいく。馬体の揺れを通して、微妙な地形のアップダウンや土の質感がダイレクトに伝わってくる。

免許を取得した時、「道がある限りどこへでも行ける」という解放感を味わったけれど、馬はさらに、車では行けない道を行けるのか！　車より、さらに世界が広がるということではないか。

「枝に気をつけて」

前を行く青年に注意を促され、樹木から張り出した枝をよけるため、頭を伏せる。安全に配慮して人工的に作られた馬場とは異なり、自然は不確定要素に満ちている。危険察知のギアをさらに上げなければならない。

「軽速歩まではできると言ってましたね。少し走りたいですか？」

「ぜひお願いします」

青年のはからいで、私たちはそこでオーナー組と別れ、別の道を行くことになった。

一巻の終わり

彼は馬上で振り返りながら、注意事項を教えてくれた。

「この先、見晴らしのよい草原に出ます。馬が走りたがるかもしれないので、手綱は短めにしっかり握って、速度を抑えてください」

言われた通り、手綱を調節する。

「僕の前にはけっして行かないように。僕の後ろにいれば、それほど速度は出ませんから」

「わかりました」

「じゃあ行ってみ……」

青年の言葉が終わらないうちに、私の乗った馬がいきなり走り出し、あっという間に彼が乗った馬を追い抜いた。

「手綱をしっかり引いて！」

その声がはるか後方に去っていく。

これは……速歩（はやあし）*2ではない。やったことはないが、多分、駈歩（かけあし）*2という歩様ではないか。

あまりの反動で尻が鞍から飛び上がり、体が投げ出されそうになった。ああ、これで一巻の終わりだ、落馬して骨折だ、という恐怖が頭をよぎった。風景などまったく目に入らない。顔に吹きつける風を喜ぶ余裕もない。これが馬の怖さか。馬を制御できないことの恐怖を、大ケガしてやっと学ぶのか……。初心者で草原に出るとは、さすがに無謀すぎた。数秒の間にいろんな後悔が脳裏を駆けめぐった。

生きろ！　生きて帰れ！

全身の細胞が最大級の警告を発し、この難局を乗りきるための相談を始めたようだった。

ふと、これがモンゴル馬であることを思い出した。モンゴル馬にのせる鞍が小さな椅子の形態である理由。草原で長距離を走る彼らは、立ち乗りをするためにこのような鞍を編み出したというではないか。

落ちてケガをするよりはいい。自転車と同じだ。ええい、立ってしまえ！

両足を思いきり踏んばって馬体を挟み、立ち上がった。すると不思議なことに、上体が安定した。下手に手綱を引いて急減速するとかえって危なそうなので、そのまま走らせた。恐怖は消え去らないものの、馬を見る心の余裕ができた。

土を蹴りあげる躍動から、草原に出た喜びが伝わってくるようだった。

いま君は、完全に私の意思を無視して、自分の意思で走っている。

なんて楽しそうに走っているんだ、君は。

そして馬が飽きて減速し始めたところで、青年の馬が追いついた。

「大丈夫ですか！」

「なんとか生きてます」

心臓はまだバクバクと高鳴っていた。

馬は、必要な時以外は走らない、という思いこみは間違いだった。

走りたい時には、走るのだ。

楽しそうな君の姿を見ることができて、本当に嬉しかったよ。

五島で馬と出会い、長野県の草原でモンゴル馬に爆走されたあと、もう馬には乗らない、という選択肢もあった。

あの時落馬して痛い目に遭っていたら、懲りてやめただろう。しかしどういうわけか、乗り方も知らないのに落ちずに済んだ。いまでも、あの時落ちずに済んだことが不思議でならない。知識や理屈ではなく、生命の危機を察知した体が勝手に反応したことが、かえってよかったのかもしれない。

賭け事の世界には、初めて馬券を買ったら大当たりだったとか、初めてパチンコをやったら玉がジャラジャラ出たといった、知識や常識にとらわれない初心者が、時に直感で当ててしまう、ビギナーズラックというものがある。これを経験した人は、その味をもう一度味わいたくて、ズルズルとギャンブルの沼にはまりこんでいく、といわれる。私の場合もそれと似ていた。何だったのだろう。体じゅうからアドレナリンが放出されるような、あの奇跡のような瞬間は……。もう一度味わってみたい。もう一度、あの速度に乗ってみたい。こうして馬の世界に引きこまれることになった。

いまでは、月に四–五回ほど神奈川県内のクラブで馬に乗っている。乗るのはサラブレッドで、通い始めて一〇年以上がたった。

そこに馬はいるか

モンゴルの祝祭

馬に関心を持ち始めてからというもの、私にとってモンゴルは、気になる場所の筆頭格であり続けた。

馬に関心を持つと、行きたい旅先のラインナップがガラリと変わる。一三世紀に空前絶後の規模の帝国を打ち立てたモンゴル。そのモンゴル帝国の一部で、いまなお遊牧文化が残るキルギス共和国や、黄金に光る汗血馬「アハルテケ」の故郷、トルクメニスタン。騎馬戦に強かったオスマン帝国。スペインの中でも、アラブ文化の影響がいまなお色濃く残り、馬を誇りとするアンダルシア。遊牧騎馬民族を先祖に持ち、お尻に蒙古斑が出る子どももいるといわれるハンガリー。アラブ種の原産地であるアラビア半島全域。幅広のキュロット、いわゆる「ガウチョパンツ」の語源である、馬にまたがって牛を追う「ガウチョ」がいたアルゼンチンとウルグアイ。高麗が元に支配された時代、蒙古馬の繁殖地となった、韓国の済州島。一世紀ほど前までは普通に馬賊が出没していた中国東北地方……。

世界地図を開いても、「そこに馬はいるか？」という観点で眺めている。中でもモンゴルは、日本からさほど遠くないにもかかわらず、遊牧文化がいまに生きる稀有な場所だ。

モンゴルでは毎年、革命記念日にあたる七月一一日から三日間かけて、国主催のナーダム祭が開催される。ナーダムの柱は、モンゴル相撲、弓射、そして近郊の草原で行われる競馬の三つ。首都ウランバートルで開催される国家ナーダムのほかに、各地で地方ナーダムが行われ、モンゴル中が祝祭気分に沸く、華やかな季節である。特に競馬は、子どもたちによって競われる、ナーダムのハイライトだ。

このナーダム祭を見たくて、馬好きの女友達とツアーに申しこみ、モンゴルに出かけた。二〇一六年七月のことだった。

私たち一行は、モンゴル大統領が列席して開催される国家ナーダムの開会式を見るため、ウランバートルのスタジアムへ向かった。民族衣装「デール」の一張羅を身にまとった人々で街はごったがえし、いやが上にもハレの気分がかき立てられる。数日前に見た時とは別の街のようなにぎやかさだ。

メインスタジアムの周囲の会場では、朝早くからすでに弓射の予選が始まっていた。日本の大相撲と同様、国家ナーダムの相撲も女人禁制で、女性は参加することができない。

草原で行われる競馬は、騎手の性別は問わないが、長距離を走る馬の負担をできるだけ減らすため、こちらには六歳から一二歳という年齢制限がある。すると一三歳以上の女性が参加できる競技は、弓射のみということになる。

射的場ではデールに身を包んだ女性たちが一列に並び、凛とした立ち姿で次々と矢を放っていた。思いのほか、中年以上の女性が多い。その姿が、スポーツというより当然のたしなみという趣で、実にかっこいい。

なるほど、他の二種目と違って弓射は、体力よりも集中力や知力、経験がものをいう競技なので、年齢を重ねた女性でも闘うことができる。ナーダムの三競技を合わせれば、老若男女の誰もが参加できるという仕組みなのだった。

客席がほぼ埋まったスタジアムのアリーナには、おびただしい数の人や馬が集結し、開会セレモニーの出番を待っていた。そして開会が宣言されると、モンゴル帝国の歴史をたどる壮大なアトラクションが始まった。チンギス・カンが誕生して、諸部族を配下に収め、次々と版図を拡大してゆく過程が、ほとんど神話的といっていい荘厳さで繰り広げられた。

圧巻は戦闘シーンだった。鎧(よろい)を身に着けた騎馬兵が続々と登場したかと思うと、襲歩(しゅうほ)*2で疾駆しながら敵陣深くまで入りこみ、攪乱(かくらん)する。次に弓射隊が登場し、騎馬隊は後方に退く。そして槍と楯を持った歩兵たちが進軍し、歩兵同士の肉弾戦となる。最後に騎馬隊が再び登場して

国家ナーダムの開会式。勇壮な歴史絵巻が繰り広げられる。

疾走しながら退場するシーンでは、スタジアム全体から拍手喝采が沸き上がった。

これは……かつてモンゴル軍が得意とした陽動作戦ではないか！　限られたスペースでのパフォーマンス用にデフォルメされた演出ではあるが、本でしか読んだことのないモンゴル軍の戦い方を目の当たりにし、私は感動していた。

この戦術では、まず鎧に身を包んだ少数精鋭の騎馬隊が敵陣につっこんで攪乱する。いわば馬にまたがった斬りこみ隊だ。敵の隊列をおおかた乱したところで、彼らは突然馬首を返して全力疾走で自陣に逃げ帰る。全速力で逃げる敵を目の前にしたら、追いたくなるのが人間の本能だ。敵軍はつられて追いかけてしまう。追手を十分に引きつけ、射程圏内に入ったことを確認すると、身を潜めていた本隊が突如姿を現し、射手が矢を雨のように降らせる。こうして追手を蹴散らすと弓射隊が退いて、槍と楯を持った歩兵が満を持して登場し、敵を一網打尽にする。

この手法で、モンゴル軍は無敵の強さを誇り、空前規模の帝国をつくった。剣や矢を避けるために、人間も馬も金属の鎧に身を包んだ西方の騎士の「重さ」は、モンゴル兵の「軽さ」を前に、ひとたまりもなかった。

速さと軽さ。地形や天候を熟知した情報収集能力。結束力。洗練された戦術。モンゴル軍の恐ろしさを誇張して喧伝する広報戦略。

モンゴルといえば、これだよ、これ。一人うなずきながら、興奮していた。

オリンピックの開会式で、全世界に向けてその国の建国物語が語られるのは定番だが、モンゴルではこれを毎年、ナーダムのたびに、自国民に向けて繰り広げるわけだ。

モンゴル帝国の誇りを忘れるな。

この物語を繰り返し語り、共通認識を更新する。それがナーダムの存在意義なのかもしれない。

私はまるで、一三世紀当時に世界最強だったモンゴルの軍事ショーを見て悦に入る軍事オタクのようだった。

卓越した指導者だったチンギス・カンは、狩猟の形をとって兵士に軍事教練を行い、隊列の組み方や、敵を一か所に追いこんで取り囲む戦術を叩きこんだといわれる。

ナーダムの三本柱である格闘技としての相撲も競馬も弓射も、すべて戦士が戦う上での必須スキルである。乗馬もまた、軍事スキルの一つであることを思い知らされた。

モンゴルの人々はこうして、遠い昔の誇りを思い起こさせる祝祭に熱狂しながら、先祖の教えを守り、万が一の時のために、いまでもきっちり軍事教練を行っているように、私には見えた。

ナーダムの華

スタジアムで行われた建国物語も圧巻だったが、ナーダムの目玉は、なんといっても競馬である。これが見たくて、モンゴルまで来たといってもいい。

前述したように、馬の負担を軽くするため、競馬の騎手は六歳から一二歳の子どものみ。男女は問わない。馬の年齢によってレースがクラス分けされ、約一五－三〇キロのレースに臨む。

二歳馬（ダーガ） 一五km
三歳馬（シュドレン） 二〇km
四歳馬（ヒャザーラン） 二五km
五歳馬（ソヨーロン） 二八km
六歳以上の成馬（イヘ・ナス） 三〇km

スタジアムで開会式を堪能したあと、私たちは再び車に乗って、競馬の行われるフイ・ドローン・ホダグ草原へ向かった。ゴール地点に即席の観覧席が設けられ、そこで競馬を見る算段となっていた。私たちが見るのは、六歳以上の成馬、イヘ・ナスによる三〇キロのレースである。

ゴール地点付近の駐車場に車を停め、歩いて向かう。弾力のある雲が浮かぶ真っ青な空に、どこまでも続く緑の草原。風景が地平線できっちりツートーンに分かれている。界隈の草原にはおびただしい数の人々——ほとんどモンゴルの人々と見受けられた——がすでに集まっていた。

テントを広げてキャンプを楽しむ家族、シートを敷いて日光浴を楽しむ人、乗り物としての馬で来ている家族、自前の馬乳酒をペットボトルに入れ、売る人たち。パラソルを広げ、何頭もの馬を従えて待機する、オヤーチ（調教師）と思わしき人たち。草原の上に散らばる色とりどりのテントやパラソルが、地上に落ちた花びらのように見える。人々は思い思いに祝祭の日を楽しんでいた。

私たちが到着した時、まだ観衆はまばらだった。ゴール地点にはパブリックビューイングのための巨大なスクリーンが設けられている。国家ナーダムは中継放送されるため、スクリーンにはレース直前のスタート地点の模様が流れていた。しばらくするとレースが始まった旨が放送され、客席に観衆が増え始めた。私たちはスクリーンを眺めながら、馬の出現をひたすら待つ。

せいぜい数分でレースが終わる日本の競馬とは異なり、このレースは三〇キロという長丁場である。レースが始まったという告知から彼らが姿を現すまで、ゆうに一時間はかかる。なんとも宙ぶらりんな状態に観衆は置かれることになる。

幼い騎手たちは、一度ゴール地点に集結してエントリーを済ませ、スタート地点まで一斉に馬で向かって、それからレースに臨む。つまり馬は二倍、このレースの場合、六〇キロもの距離を走るわけで、馬の疲労を計算した走り方をしなければ、とてもではないがもたない。幼い騎手たちにも高度な状況判断が求められるのだ。


ナーダムの競馬は、モンゴルが世界帝国を築いた時代に整備した駅伝制度「ジャムチ」が起源だといわれる。

オゴデイ・カアンの時代、都が置かれたカラコルムから帝国の隅々まで、広大な版図内での通商と情報伝達を円滑にするため、ジャムチは作られた。交易路の約三〇キロごとに駅亭が設置され、旅人や外交使節に宿舎や食糧、そして新しい馬が提供された。ひと駅を走り終えた馬は駅亭で休息を与えられ、旅人は次の馬に乗り換える。そして馬は十分に休養したあと、また別の旅人に乗られて次の目的地まで走る。マルコ・ポーロも、フランシスコ会修道士だったプラノ＝カルピニのジョン[*3]もルブルクのウィリアム[*4]も、史上最も偉大な旅行家と呼ばれるイブン・バットゥータも、このジャムチを利用して旅をした。

現代の私たちがようやくその便利さに気づいたシェアサイクルのような、極めて合理的なシステムを、モンゴル帝国は構築していた。このジャムチを利用した高速情報伝達網が、モンゴル帝国の繁栄の基盤だったといえる。

ナーダムの競馬の距離は一五キロから三〇キロ。なるほど、ここで繰り広げられる競馬から、モンゴル帝国時代の駅伝の早馬を想像できるではないか。

ナーダムは、どこを切り取っても、モンゴル帝国の栄華を思い起こさせる仕組みなのだった。

騎馬軍団がやってきた！

双眼鏡で草原のはるか向こうを覗きこみ、子どもたちを乗せた馬が到着するのをいまかいまかと待っていた。向こうはなだらかな丘になっていて、微妙な下り坂を彼らは駆け降りてくる。さっきまでカンカン照りだった空は、一転して分厚い雲で蓋をされ、激しいスコールに見舞われた。

モンゴル人ガイドさんが車の中で配ってくれた雨合羽を慌てて身に着ける。こんな晴天で雨

＊3　中部イタリア・ペルージャ近くの町、プラノ＝カルピニに生まれたジョン修道士は一二四五年、ローマ教皇インノケンチウス四世によりモンゴル帝国へ派遣された。その報告書はモンゴルの事情や風俗習慣を初めて詳しく正確にヨーロッパに伝えたものとして知られる。

＊4　フランス・ルブルク生まれの修道士ウィリアムは、フランス国王ルイ九世が派遣した使節団の一員として一二五四年、モンゴル帝国の首都カラコルムに到着。モンゴル、中央アジアを広く見聞し、貴重な旅行記を残した。

ナーダムの競馬の騎手は子どもたち。男の子も女の子も参加できる。

合羽？　とその時は不思議に思ったが、スコールまで見越していたとは……。予言者か。

「あ、見えました。もうすぐ来ますよ」

　はるか向こうを裸眼で見つめるガイドさんが傍(かたわ)らでつぶやいた。私にはまだ全然見えないのだが……モンゴル人の視力は、本当にとてつもない。

　まだ見えない。双眼鏡の視界に全神経を集中させる。するとレンズの向こうで草原から土埃(つちぼこり)が舞い上がり、視界が真っ白になって何も見えなくなった。いよいよ来るのか？　自分まで緊張する。客席がざわつき、モンゴル人のお客さんたちが「ヒューヒュー」と声を上げ始めた。彼らにもすでに、何かが見えているようだ。

　え、何？　姿が見えた！　と思ったら、騎馬軍団は、もう、すぐそこまで迫っていた。誇張ではなく、本当にそうなのだ。

　これがヨーロッパを震撼させた、地獄(タルタロス)からやってきた、恐怖のモンゴル軍団か！　私は、モンゴル軍に奇襲された、ヴォルガかどこかの河畔の村人の気持ちになっていた。

　地平線の向こうから地響きのような音がかすかに聞こえてきて、農作業をする手を止め、腰を伸ばして遠くを見る。何も見えない。しかし不吉な地響きはどんどん大きくなる。土埃が舞い上がり、視界が真っ白になる。何？　本能的に凝視してしまう。あ、と思った瞬間、土埃からモンゴル軍の騎兵隊が姿を現し、こちらに向かって突進してくる。鋤(すき)を放り投げて家に逃げこもうとしたが、すでに時遅しだった……。そんな映像が頭に浮かんだ。

いやいや、レースに集中しよう。

やっと馬にまたがれるくらいの小さな体の子どもたちが、一つでも順位を上げようと、ラストスパートをするため立ち乗りになり、手綱を右に左に振って馬に鞭打っている。あ、誰も乗せていない馬がやってくる。どこかで子どもを落としたらしい。首を前に伸ばし、必死で走り続けている。また無人の馬だ。けっこう落馬する子が多いらしい。

「馬は、一度スタートしたら、子どもを落としても走り続けるんですよ」とガイドさんが言う。

「声を出して応援してあげてください。自分も小さい頃、レースに出たことありますけど、最後にみなさんの声が聞こえると、すごい力が出ます。馬も、きっとそうです」

疲労困憊して、常歩になっている馬が来た。いまにも倒れそうだ。思わず、悲鳴にも似た声を上げてしまう。


見るまでは、競馬場のゴール前のように、興奮のるつぼと化すだろうと想像していた。しかし現場で見たら、急にしんみりしてきて、なんだか涙も流れてきた。

これは苛酷だ。日本の競馬場で競走馬が走るのは、最短距離で約一キロ、最長でも約四キロ。それを考えたら、このレースがいかに苛酷であるかは容易に想像がつくだろう。

実際ナーダムでは、途中で倒れて死んでしまう馬が何頭も出る。長距離を短距離走の走り方で走るのだから、心臓がもたないのだ。

死の危険は、馬だけでなく、騎手の子どもたちにもある。レース中は救護車がぴったり張りついて伴走し、不測の事態に備えてはいるが、落馬した子どもも、下手をすれば命を失うだろう。アルジャジーラ（カタールの国営衛星放送）で、ナーダムの競馬で命を落とした子の家族や、片足を失う大ケガをした子を追ったドキュメンタリー番組を見たことがあるが、それがけっして稀（まれ）なケースではないことが、現場にいると実感できた。

これはただのお祭りなどではない。馬も人間も、命をかけた真剣勝負だ。

その闘いの激しさを少しでも実感させるため、天がスコールを降らせているみたいだった。せめていまは、濡れよう。この痛みを体に叩きこみ、けっして忘れないように。

そろそろ行きましょうか、とガイドさんが言う。まだレースを闘っている子どもと馬がいるのに、後ろ髪を引かれるが、帰り路の渋滞を避けるため、私たちは席を立った。

「すごい迫力だったたね」

「ナーダム見に来て、本当によかった！」

みな興奮冷めやらぬ面持ちで、口々に感想を語りあっていた。私ひとり、落ちこむというのとは少し違うけれど、頭をガツンと殴られたように打ちひしがれていた。

年端もいかない子どもたちが、落馬して大ケガをしたり、愛馬を目の前で死なせたりして、レースを通して心も体も傷つきながら、成長していく。
馬とともに生きるとは、そういうことだ。
遊びではない。馬に乗ることが、人生そのものなのだ。
自分は馬とどう付きあったらいいのだろう？
なんだか急に、自分のことが恥ずかしくなった。

第一章

名馬の里、アンダルシア

レコンキスタ終焉の地、グラナダ

イベリア半島へ

二〇一七年九月、スペイン南部のアンダルシアとモロッコへ行った。

スペインを訪れるのは、二〇一四年九月以来、三年ぶりだった。

二〇一四年当時、私は日本の「キリシタンの世紀」（ザビエルが日本に上陸した一五四九年から、最後の宣教師・小西マンショが殉教した一六四四年までの約一世紀間を指す）に並々ならぬ関心があり、日本で殉教し、「列福」（ローマ教皇から福者に列せられること。福者は聖人に継ぐ位階）された聖ドミニコ会宣教師たちの故郷で行われる、殉教祭に参列することがスペイン訪問の目的だった。

　余談だが、日本のキリシタン時代というと、南蛮人＝ポルトガル人、布教を進めた修道会＝イエズス会、という固定観念が根強く流布している。それは間違いではないものの、かなり偏っている。実際にはスペイン人とイタリア人も多く、ヨーロッパの老舗修道会にあたる聖フランシスコ会、聖ドミニコ会、聖アウグスチノ会も布教に来ていた。

　そのよい証拠が、日本で起きた最初の大規模キリシタン弾圧である「二六聖人の殉教」（一五九七年二月五日）だ。のちにローマで列聖されて聖人となった二六名の所属先の内訳は、三名がイエズス会、二三名が聖フランシスコ会だった。

　殉教祭の他にも、イエズス会創設者である聖イグナチオ・デ・ロヨラの故郷（バスク地方のアスペティア）と、日本へ最初にキリスト教を伝えた聖フランシスコ・ザビエルの故郷（ナバラ地方のザビエル城）を訪ね、いわばカトリック三昧の旅をしたのだった。

　その時は、キリシタンをめぐる長い旅の、いわば卒業旅行のような位置づけでスペインを満喫したつもりだった。しかしそれがいわば、終わりの始まりであることに気づいたのは、ずっとあとのことだった。

　そもそもスペインは、西ヨーロッパの中で、イスラーム教徒との接触が最も長く続いた地域である。

　七世紀初頭にアラビア半島で産声をあげたイスラームの教えは、またたく間に周辺地域を席捲し、約一〇〇年後の八世紀初頭にその勢力は北アフリカまで及んだ。イベリア半島にアラブ軍が上陸したのは七一一年。日本では平城京に都が開かれた一年後だ。彼らはさらにマラガ、グラナダ、コルドバを落としてさらに北上、ほぼ二年間で、イベリア半島のほぼ全域の主要都市を支配下に置いた。アンダルシアは、スペインを征服したアラブ人が、イベリア半島を「アル・アンダルース（ゲルマン系の一部族、ヴァンダル人の国）」と呼んだことに語源を発しているともいわれる。

世界史の授業でよく耳にした「レコンキスタ」は、キリスト教徒側から見た「国土再征服運動」を指す。

レコンキスタは、西ゴート王国の遺臣ペラヨが七二二年に初めてイスラーム勢力に戦勝したのを皮切りに、半島北部から始まる。そして一四九二年、最後のイスラーム王国であるナスル朝グラナダ王国が陥落し、八世紀近くにわたったレコンキスタは完了した。

レコンキスタの流れは、まるで天気図の前線のようだ。ピレネー山脈の手前あたりで誕生した前線は、一気に速度を速めたり、時には停滞した秋雨前線のようにぴたりと動かなくなったりして、八世紀弱もの歳月をかけて南下する。そしてついに、ジブラルタル海峡の中に消えた。

スペインの最南端に位置するアンダルシア地方は、キリスト教徒、イスラーム教徒、ユダヤ教徒が共存した時間が最も長かった地域といえる。キリスト教にまみれた三年前とは異なり、今回はアンダルシアを訪れ、異文化共存の名残を存分に味わいたいと思っていた。

こうしてみると、レコンキスタに対する関心からアンダルシアに惹かれたように見えるが、私の関心を最初にアンダルシアへ向けさせたのは、実は馬の存在だった。

ちょうど乗馬クラブに通い始めた二〇一一年頃のこと。レッスン後にロビーで雑誌を眺めていたら、『エクウス』という乗馬雑誌が目に留まった。表紙にはこう書かれていた。

「気高きアンダルシアンの故郷　ヘレス　憧れの馬祭りへ」

アンダルシアンとは、アンダルシア馬、つまりスペインのアンダルシア原産の馬のことである。芦毛で、ウェーブのかかったたてがみと豊かな尾が特徴。とにかく美しいのがアーチ状の曲線を描く首で、立ち姿だけで気品を感じさせる。

アンダルシア馬の素晴らしさを伝えるこの特集の中心は、アンダルシア自治州のヘレス・デ・ラ・フロンテーラ（略称ヘレス）だった。毎年五月に行われる馬祭り（Feria del Caballo）と、この街にあるスペイン王立アンダルシア馬術学校、さらにヘレス郊外にある純血アンダルシア馬産牧場の様子を、その特集ではあますところなく伝えていた。

シェリー酒の生産地として知られるヘレスだが、実はスペインの馬文化の中心地でもある。この情報だけで、いつかヘレスへ行きたいと思い始めたのだった。

世界遺産につまずく

アンダルシア訪問に際し、ピカソの故郷として知られるマラガからスペイン入りし、そこから反時計回りにグラナダ、コルドバ、セビーリャへ移動し、最後にヘレスへ立ち寄る旅程を自分で組んだ。そしてヘレスからジブラルタル海峡に面した港町へ移り、そこから船でモロッコへ渡る。帰国のための出境地には、モロッコの首都ラバトを選んだ。

と、さらりと書いたが、この旅程を組むのが意外と大変だった。

私は二〇代の頃から行きあたりばったりの一人旅をしてきて、きっちりした旅程を組むのがあまり得意ではない。行きと帰りの便をフィックスするのは仕方ないとしても、現地で気が変わったら宿を変えたり行き先を変更したりと、できるだけ旅に余白を残したいほうだ。しかしこの旅行に関しては、そうはいかなかった。アンダルシア随一の観光名所である、グラナダのアルハンブラ宮殿の入場に予約が必要だったのだ。

もともとヨーロッパの観光名所にあまり行ったことがない私は、昨今の世界の潮流から完全に取り残されていた。三年前にスペインを訪れた際も、マドリードやバルセロナには立ち寄らなかったので、一大観光地の事情をまったく知らなかった。最近の観光名所、特に世界遺産に登録された場所では、訪れる観光客があまりに多く、入場制限をする目的で事前予約が必要だという。

そんなこととは露知らず、マラガ行きのチケットを予約しただけで安堵していたところ、アルハンブラ宮殿は事前予約が必須、しかもネット予約分はとうに売り切れ、という事態が、出発一週間前に発覚した。

グラナダまで行って、レコンキスタ終焉の地であるアルハンブラ宮殿に行けなかったら、何の意味があるのか……。

その衝撃でこの旅行に対するモチベーションはすこぶる下がり、グラナダに対する好感度が一段下がった。結局、手数料を払えばチケットを確保してくれる現地の旅行社をネット上で見つけ、なんとか日時指定済みの入場券を手に入れることはできた。しかし、何十年も予約という概念がないまま生きてきた人間には、ある時点に特定の場所にいなければならないというプレッシャーだけで、その街がお高くとまっているように感じられた。

波長が合わないグラナダの街

旅の話になると、どこの街（あるいは国）がおもしろいか、どこが好きか、と問われることがよくある。私は、人間だから好き嫌いは必ず存在するものの、「おもしろくない街など地上に一つも存在しない」を座右の銘としている。ある街をおもしろくない、と感じたら、それはその街やそこに暮らす人々の責任ではなく、自分とは波長が合わない、ということだ。

その場合、滞在を延ばすことでその街との妥協点が見つかる場合もあれば、何日滞在しても印象が変わらない場合もある。その時は、後ろを振り返らず、静かにそこから立ち去ることにしている。

残念ながら、私はグラナダとは波長が合わなかった。しかしその理由がよくわからず、滞在中、ずっと悶々としていた。

イスラーム芸術の粋を極めた、念願のアルハンブラ宮殿……それはそれは、美しい。しかし人数制限をしても満員電車並みの混みようで、建造物と魂を通わせることができない。

イザベルとフェルナンドのいわゆる「カトリック両王」の軍勢に取り囲まれ、最後は兵糧が尽きて開城せざるを得なかったアルハンブラ宮殿。グラナダ王国最後の王、ボアブディル(ムハンマド一二世)は、城を引き渡す際に涙を流し、母親からこう言われたという。

「男として国を守れなかったからには、女のように泣くがよい」

アルハンブラを追われたボアブディル王は、山岳地帯のアルプハラに逃れ、その後はジブラルタル海峡を渡って、モロッコ北部のフェズでその生涯を閉じたと伝えられる。

そんな王の哀切に満ちた末路に感情移入をしてみたいのだが、あまりの人混みで、集中できない。思い入れが強かった分、現実がそれに見合わず、苛々ばかりが募った。

グラナダで酔っぱらう

グラナダのよいところは、バルで一杯酒を頼むと、タパス（日本でいうところの、お通しに近い存在）が無料でついてくる点だ。このタパスが、日本の居酒屋で出される申し訳程度のお通しとは異なり、がっつり一皿の料理という量で出される点は非常に好感が持てた。街と波長が合わないから疲れてバルに入る、タパス目当てで杯を重ねる、ということが続き、グラナダでは終始酔っていた。胃袋だけでもグラナダを好きになりたい、その一心だった。

広場にパラソルを出して営業するバルでビールを飲み、タパス目当てで次々とお代わりをしたせいで、日が高いうちからすっかり酔いが回ってしまった。酔い覚ましを兼ねて、あてもなくグラナダの街をさまよい続けた。

旧市街の繁華街には、オリエンタリズムをぷんぷん漂わせたレストランが軒を並べ、クスクスやファラフェル、ドネルケバブなどを提供していた。バックパッカー風の若者たちが床に敷かれた絨毯に寝転がり、水パイプでタバコを楽しんでいる。ファラフェルは中東を発祥とし、ケバブはトルコ料理なので、グラナダとはまったく無関係だが、そんな違いはどうでもよいらしい。

バザールを模したような露店の土産物屋では、いかにも中東風な化繊のスカーフや革製小物、北アフリカのタジン鍋、モロッコの革製サンダル「バブーシュ」、銀のアクセサリーなどが並

旧市街に残る、モーロのために建てられたグラナダ式庭園付き住宅。

べられ、部外者が漠然とイメージする「イスラームっぽさ」や「モロッコっぽさ」を醸し出している。

その異国情緒にあふれた街並みをぼやーっと歩いていると、「グラナダは最後までモーロ（スペインのイスラーム教徒。英語でいうところのムーア人）がその牙城として守った街だから、中東っぽくて当然だ」と簡単に納得してしまいそうになる。しかし少し酔いが覚めてきたら、なんとも奇妙な感覚に見舞われた。極彩色の門柱やハリボテの東洋風建築が並ぶ日本の中華街、あるいは欧米の大都市にあるチャイナタウンを歩いているような感じがする。さしずめ、モーロのテーマパーク、とでもいおうか。

グラナダに、そんなものは必要ない。オリエンタリズム満載の要素に頼らずとも、イスラームの影響はそこかしこで感じることができる。

ほんの少しだけ目を凝らせば、耳を澄ませば、感じられるはずだ。

この街でモーロ文化に触れたければ、表通りから一歩、路地に入るだけでよい。集合住宅のパティオ（中庭）は水と植物にあふれ、清らかな水をたたえた噴水が正面に備えつけられている。

アルハンブラ宮殿の西側にある旧市街のアルバイシン地区は、敵の侵入を防ぐために路地が迷路のように入り組み、この街が常に敵、つまりキリスト教徒から囲まれていたことを思い起こさせる。

食についても然り。アンダルシアに来てからというもの、毎日必ず一度は食しているガスパチョ。この冷製スープはアンダルシア発祥で、四〇度近くまで気温の上がることがあるここでは、夏の滋養強壮に欠かせない料理の一つ。実際炎天下のアンダルシアで飲んでみて、その虜になった。

ガスパチョはいまではトマトを用いたものが一般的だが、大航海時代に新大陸からトマトがやってくる前までは、パン、ニンニクをすりつぶし、食塩、酢、オリーブオイルを混ぜた簡素なものだった。その語源はアラビア語の「びしゃびしゃしたパン」である。

スペインを代表する料理として有名なパエーリャ。イベリア半島に米をもたらしたのも、アラブ人だ。わざわざファラフェルに頼らなくても、ましてやトルコ料理を代表するドネルケバブを持ち出さずとも、モーロの影響は食の中にまで浸透している。

妖しいネオンに照らされたタブラオ（フラメンコショーを観賞できるバルやレストラン）から洩れ聞こえてくるフラメンコの調べにも、そこはかとなくモーロの気配が感じられる。

フラメンコ――「太陽と情熱の国」のイメージを代弁するかのような、スペインを代表する文化の一つ。裏を返せば、フラメンコのイメージが焼き付いているからこそ、「太陽と情熱」という言葉を、スペインを修飾する際に使いたくなるのかもしれない。

フラメンコもアンダルシア発祥で、もともとヒターノ（スペインにおけるロマの人々）によって生み出された、といわれる。しかし私は常々、それだけでは納得できない思いを抱いていた。実際に歌い、踊り、広めたのはヒターノだったかもしれない。しかしなぜそれがアンダルシアで生まれたのか。

ヨーロッパの広い範囲にロマの人たちは暮らしていたのに、なぜその他の地でフラメンコは生まれず、アンダルシアで生まれたのか。

ヨーロッパのその他の地域になくて、アンダルシアにあったもの――それは八世紀近くここに暮らしたイスラーム教徒の存在しか考えられない。それらの異文化融合がフラメンコ誕生の根底にあるのではないか、というイメージを、私は脳裏に描いていた。

サクロモンテの丘

山の斜面に掘られた洞窟住居が並ぶサクロモンテの丘は、フラメンコの盛んな場所だ。ここにはかつて、スペインへ渡ってきたヒターノが多く暮らし、いまでもタブラオがたくさん建っている。

サクロモンテの丘は、アルバイシン地区の最も高いところ、アルハンブラ宮殿からは対岸のような位置にある。地図で見るとたいした距離ではないが、ほとんど山登りのような傾斜となり、しかも年月による風化で歪んだ石畳がぐらぐらして、足元がおぼつかない。すぐに息があがり、気軽に出かけてきてしまったことを後悔するが、引き返すにしてもこの傾斜を歩き続けることに変わりはない。自分を叱咤しながら、とぼとぼと坂道を登り続けた。

高度が上がるにつれ、頭上を覆う雲が晴れていくような気がした。下の繁華街はあれほど人であふれていたのに、ここまで来ると人がほとんどいない。早速深呼吸をして、この街に漂う粒子のようなものを体内に取りこんだ。

ふと後ろを振り返ると、下の繁華街からは全貌が見えなかったアルハンブラ宮殿が、ダーロ川の向こうに突如その姿を現した。静かなアルハンブラ宮殿が、ここにはある。ここに来て初めて、グラナダと冷静に対峙できるような気がした。

山の斜面に洞窟住居が見え始めた。巨大に育ったサボテンの林に隠れるようにして、いまも人が暮らす家があった。斜面に掘られた家の周りには小さな畑があり、無邪気な観光客から日常生活を侵害されないよう、ビニールシートで視界をさえぎり、中が覗きこめないようになっていた。

ここは、何かから隠れて暮らすにはぴったりの場所だったのだろう。

私はこの風景に、日本の「かくれキリシタン」を思い出した。

長崎の五島列島の話である。かつて領主から領民まですべてがキリシタンだった大村藩は、禁教令に先がけ、一転して厳しい弾圧を行うが、信仰を棄てない信者の扱いに手を焼いていた。そこで浮上したのが、疫病や飢饉で人口が激減した、五島氏が治める福江藩との取り引きだった。開墾を名目に移住者を募り、暗黙の了解でかくれキリシタンを五島へ送ったのだ。

しかし五島には仏教徒の先住者がいて、稲作に適した条件のよい平地はすでに押さえられている。かくれキリシタンは、より小さな島へ、条件の悪い斜面へと入っていき、そこで独自のコミュニティを作ってひそかに信仰を守った。

そんな話を、この丘で思い出した。

排斥された人々

丘をほぼ登りきったところにあるサクロモンテ洞窟博物館に入った。

ここは、比較的最近まで実際に住居として使われていた洞窟を、当時の生活がわかるようにできるだけ再現したものだ。機織り機、各種の農機具、鍋に食器と、つつましい生活が立ち上がる。

その中に、フラメンコに関する展示を行う洞穴があった。そのスペースに入ると、いきなりこんな文言が目に飛びこんできた（以下、サクロモンテ洞窟博物館の展示文より著者抄訳）。

「サクロモンテの洞窟住居の起源ははっきりとはわからないが、イスラーム教徒とユダヤ教徒がスペインから追放された一六世紀より前に遡ることはないだろう。ここは街から排除された者の住みつくところとなり、行政や教会法の支配が及ばない土地となった」

「フラメンコの誕生に重要な役割を果たしたのは、ヒターノとモリスコである」
ここ、サクロモンテの洞窟住居に、ヒターノ（スペインのロマ）に混じってモリスコ（キリスト教に改宗したイスラーム教徒）が暮らしていたのか。興奮を隠せなかった。

一四九二年にレコンキスタが完了すると、ユダヤ教徒とイスラーム教徒はキリスト教への改宗を迫られた。皮肉な話である。八世紀近くイベリア半島に根を下ろしたイスラーム勢力は、同じく唯一神を信じる「啓典の民」のユダヤ教徒とキリスト教徒をイスラームに強制改宗させることはなかった（そもそも強制改宗という概念が彼らにはなかった）。しかしカトリック両王はそれを断行し、偏狭なカトリック国家への道を突き進んでいく。

キリスト教に改宗したユダヤ教徒を「コンベルソ」、同じく改宗したモーロ（イスラーム教徒）を「モリスコ」と呼ぶ。改宗しないユダヤ教徒はレコンキスタ完了の一四九二年に国外追放が決まり、モリスコはそれより一世紀あまり遅れはしたものの、結局一六〇九年に国外へ追放されることになった。ユダヤ教徒はオスマン帝国やオランダなどの低地諸国へ、そして多くのモリスコが向かったのは、ジブラルタル海峡対岸の北モロッコだった。余談だが、一六－一七世紀に日本へやって来たイエズス会士の中には、「コンベルソ」の人が少なからずいた。

イベリア半島で代々暮らしてきたモーロにとって、故郷はここしかない。モロッコには親戚も土地もない。表向きはキリスト教に改宗してキリスト教徒を演じ、秘密裏に信仰を貫く、日本でいうところのかくれキリシタンのような、いわば「かくれモーロ」がモリスコのなかにいたことは想像に難くない。そういう人をあぶりだすために作られたシステムが、泣く子も黙る、悪名高きスペインの異端審問所だ。私にはその流れがますます、日本のキリシタン弾圧の時代と重なって見えた。

もし自分が排斥された宗教の信徒なら、どこに住むだろうか。できるだけ権力の手が及ばず、社会のマジョリティの目に留まらないよう、条件の悪いところへ向かうのではないだろうか。

「社会から差別され、排斥されたヒターノたちに混じり、ヒターノにカモフラージュしたモリスコが暮らしていた。こうして『呪われた』存在と見なされた両者の言語や習慣、音楽が融合し、そこへアラブ＝アンダルシアの文化遺産が加わったものが、フラメンコの起源だと思われる」

ヒターノの暮らすサクロモンテは、キリスト教社会から嫌われ、排斥されたが故に、「行政や教会法の支配が及ばない」自由があった。まるで、清(しん)の管理地だったが故に宗主国イギリスの法律が適用されなかった、香港の九龍城砦のようである。そういう場所は、訳ありのマイノリティを引き寄せ、思いもよらないエネルギーを生み出す。

偏狭なカトリック至上主義に染まった、レコンキスタ後のスペイン社会から排斥された二つのグループ、ヒターノとモリスコが、ここサクロモンテの洞窟で出会い、化学反応を起こした。それがフラメンコ誕生の原動力となったことが、すとんと腑に落ちた。

「彼らの民族的アイデンティティや特徴より、両者が共通して社会から受けた苦悩のほうが、フラメンコにおいては重要であろう。社会からの無関心、怒り、恐怖、痛み、孤独……フラメンコの歌詞を聞けば、誰もがその悲劇を感じることができる。そしてグラナダに最後までイスラーム王国が存在したことから鑑みるに、我々がいま想像するよりはるかに、グラナダにアラブ文化が根を下ろしていたことは言うまでもない」

フラメンコの描く怒りや悲しみの背後に、想像を超える世界が広がっていた。

サクロモンテの洞窟まで来て、私はようやくグラナダと和解できたような気がした。


イスラームのテーマパークのようなたたずまいには落胆したが、この街で興味深かったのはむしろ、キリスト教のありようのほうだった。

考えてみたら、レコンキスタで最後の最後に手に入れたグラナダを、カトリック両王（カスティーリャ女王のイザベル一世と、夫であるアラゴン王のフェルナンド二世）がレコンキスタ前の空気のまま放置しておくわけがない。イスラームに勝利したことを象徴する街として、よりカトリック色を強めるのが当然だろう。

その一つの代表が、旧市街の中心にある王室礼拝堂だった。これは、モスク跡に建設された壮麗なグラナダ大聖堂に隣接する、一見質素な礼拝堂である。あまり期待もせずに入ったのだが、観光客も少なく、これが大当たりだった。個人的にはアルハンブラ宮殿よりむしろ、こちらの王室礼拝堂をお勧めする。

ここには、カトリック両王と、二人の次女である「狂女」ファアナ、その夫である「美公」フェリペ一世の四人が眠っている。壮麗な装飾が施された鉄柵の内側に、生前の姿を彫刻した大理石の棺が並び、遺骸が放つパワーが充満しているとでもいおうか、異様な迫力に満ちている。グラナダに埋葬されることは、イザベルたっての遺志だったという。この地は二度とイスラーム教徒の手に渡さない、という執念を表すため、自らの遺骸を使ってイスラームを地中に封印しているかのようだった。

偉大な神学者

旧市街の中心を離れ、旧ユダヤ人街、レアレホ地区を目指して歩いた。ここはユダヤ人が生活した名残が感じられないどころか、バルやカフェやギャラリーが建ち並ぶおしゃれな地区に変貌していて、これまた落胆の大きな場所だった。そこからアルバイシン方面へ向かう途中、小さな教会の前に控えめな銅像が立っていた。逆光だったこともあってその像はとても頼りなげに見え、立ち寄らずに通り過ぎた。しかしなんとなく気になり、戻って近づいてみたところ、なんとルイス・デ・グラナダ（一五〇四－八八）の像だった。

こんなところでルイス・デ・グラナダに出くわすとは思わなかった。

そうか……レオナルド・ダ・ヴィンチが「ヴィンチ村のレオナルド」であるように、ルイス・デ・グラナダは「グラナダのルイス」だったのか。グラナダが彼の故郷だったとは、虚をつかれた思いだった。

ルイス・デ・グラナダは、ドミニコ会の名説教師かつ神学者で、「一六世紀カトリック最大の神学者」と呼ばれた人物である。そしてそれ以上に、日本のキリシタンにとっては極めて重要な存在だった。

フランシスコ・ザビエルの来日以降、日本での布教活動を主導したイエズス会は、日本のキリシタンを教化するための良質なテキストを常に模索していた。そしてルイス・デ・グラナダの著した『罪人の手引き(Guia de Pecadores)』を日本語に訳し、一五九九年に活版印刷機で『ぎやどぺかどる――罪人を悪よりひきいだし導く』のタイトルで印刷した。この活版印刷機は、天正遣欧使節がヨーロッパより持ち帰ったものだった。『ぎやどぺかどる』は日本のキリシタンの教化におおいに活用され、一六一四年に禁教令が出されて宣教師たちが地下活動に入ったあとも、修道会を問わず、キリシタンによってひそかに読み継がれたことが、様々な宣教師の書簡からわかっている。

大昔の人物かと思っていたら、一五〇四年の生まれ。両親は貧しいガリシア人で、ガリシアのルーゴで暮らしていたが、レコンキスタが完了したばかりのグラナダに移住し、そこでルイスが生まれた。ルイスはグラナダでドミニコ会修道院に入会した。

ドミニコ会は神学研究に励む学者を輩出する修道会として知られ、最も有名なのは『神学大全』を著したトマス・アクィナスであろう。念のため付け加えると、異端審問を強力に推し進めた初代長官がドミニコ会のトマス・デ・トルケマダだったこともあり、ドミニコ会士は審問官を務めることが多かった。

『罪人の手引き』は一五五六年に初版がリスボンで出版されると、実用的な教理書としてカトリック世界でまたたく間に旋風を巻き起こし、各国言語に訳され、版を重ねた。そんなカトリック教会のベストセラー教理書を、イエズス会はただちに日本へ持ちこんだのだった。つまり日本のキリシタンは、当時の海運状況を考えればヨーロッパとさほどのタイムラグなしに、優れた教理書に触れることができたわけで、いやはや、これは意外だった。

ルイス・デ・グラナダは当時としては大変長生きで、一五八八年に八四歳でその生涯を閉じた。天正遣欧使節がリスボンに着いたのは一五八四年のことなので、さすがに高齢の身では会えなかったのではないかと残念に思っていたら、なんと、リスボンのサント・ドミンゴ修道院で実際に天正遣欧使節と会ったという。

グラナダで折に触れては日本のキリシタンを思い出すというのも、奇妙な話である。

コルドバのすごみ

なぜか五島を思い出す

あまり波長の合わなかったグラナダをあとにして、長距離バスでコルドバへ向かった。バスが街を離れて車窓からアンダルシアの田園風景が見えると、もやもやした気分も吹き飛んだ。どこまでも広がるオリーブ畑。刈り入れの終わった麦畑に、ぽつぽつと馬の姿が見える。風景の中に馬が存在する！　それだけで胸が高鳴る。馬が見えるたびに座席から体を乗り出し、子どもみたいに窓に釘付けになる。

風力発電のためのプロペラが延々と並び、風を集めていた。

馬と出会うきっかけを作ってくれた五島を思い出した。

自動車免許を取得するために滞在した、福江島のごとう自動車学校では、毎週末、合宿生を遠足に連れて行ってくれた。落ちこぼれだった私は計四回の遠足に出かけた。その一回目は、福岡から来た三人の若い男女が旅のお供だった。私たちは引率役の先生に率いられ、福江島の主だった観光名所である、断崖絶壁に立つ大瀬埼灯台や「ルルドの泉」がある井持浦教会、そして白い砂浜が美しい高浜ビーチを訪れた。

バンが学校を出て田園風景に入ると、山の稜線に並び立つ風力発電のプロペラが見えた。遠い昔、遣唐使を乗せた船は、この福江島を日本最後の寄港地として、島の北にある三井楽から唐へ向かって船出した。東シナ海は荒海で知られ、決死の渡航だった。最澄も空海も、ここを経由した。福江島は確かに、日ごろから風が強いところだった。

そんな風の強さに加え、風力発電は島という閉鎖空間で利用するのに適した発電方法なのだろう。福江島の風力発電はまだ試験段階のようだが、電気自動車の普及にも行政が力を入れ、補助金を出していた。これもまた、限られた範囲のほうが能力を発揮しやすい自動車である。日本の辺境に属する島で、だからこそ再生可能エネルギーの実験に挑戦できるのだな、と感じ入った。

すると、はしゃぎすぎて爆睡していた福岡の女の子がふと目を覚ました。そして稜線に連なる風力発電用のプロペラを見るなり、すっとんきょうな大声をあげた。

「なん？　あのバリデカか扇風機！　あれのあるけん五島は風が強かっちゃね？」

それを聞いた引率の先生は、苦笑しながら言った。

「逆やろうが。風が強いからあれがあるとよ。山で扇風機回してどげんすると？」

そんなことを思い出し、バスの中で思わず笑いがこみ上げた。

アンダルシアへ来てからちょくちょく五島を思い出すというのも、奇妙な縁である。

ドン・キホーテ

日本ではあまり知られていないが、実はスペイン、風力発電をはじめとした再生可能エネルギーによる発電に、国家を挙げて力を入れている。風力による発電量はすでに、原子力発電と肩を並べ、水力発電や太陽光発電等と合わせた再生可能エネルギー発電量は、二〇一七年には総発電電力量の四五パーセントにまで達している（一般社団法人　海外電力調査会ウェブサイト）。

風力を利用して動力を生み出す風車といえば、スペインが世界に誇る文芸作品、ミゲル・デ・セルバンテスの『ドン・キホーテ』が思い浮かぶ。騎士道物語の読みすぎで、現実と妄想の区別がつかなくなってしまったドン・キホーテが、従者のサンチョ・パンサを連れて冒険の旅に出る。ドン・キホーテがまたがるのは、痩せた老馬のロシナンテ。サンチョがまたがるのはロバ。旅の途中、彼らは野原で三〇ほどの風車の列に出くわす。ドン・キホーテはそれを巨人だと思いこみ、戦うことを決心する。

「かなたを見るがよい。あそこに三十かそこらの不埒（ふらち）なる巨人どもが姿を現しているではないか。拙者はきゃつらと一戦交えて、一人残らず皆殺しにいたし、その戦利品をもってわれらも富裕になろうというのだ」（『ドン・キホーテ　前篇Ⅰ』）

あれは巨人ではない、ただの風車だと訴えるサンチョの言葉には耳も貸さず、ロシナンテに拍車[*5]をくれて風車に突進するドン・キホーテ。ところが折しも風が吹き、風車の翼が勢いよく回って突き飛ばされ、馬もろとも放り出されて、野原をゴロゴロ転がっていった。この衝撃で、ロシナンテの肩の骨は半ば外れかかってしまった。『ドン・キホーテ』の中でも、とりわけ印象深い場面である。

風車といえば私ですらドン・キホーテを思い浮かべるくらいなのだから、スペインの人々にとってはなおさらだろう。スペインが風力発電に力を入れるのは、ドン・キホーテの影響もあるのかもしれない、と思ったりする。

亡命政権の首都、コルドバ

コルドバに到着したのは土曜日の昼下がり。街外れでバスから降り、とりあえずホテルへ向かうためにくねくねとした石畳の路地が入り組んだ旧市街を歩くが、週末の午後とあってすさまじい混みようで、人にぶつからないと歩けないくらいだった。ところがまったく嫌な感じが

＊5　馬具の一つ。靴のかかとに取りつける。馬の腹部を刺激（圧迫）することで、馬を走らせたり加速を促す。

しない。コルドバに到着した途端、何か、流れている空気が変わった気がした。

　路地と路地が集結する場所に、水たまりのような小さな広場があり、テーブルやパラソルが並んでいる。その一角に、真っ白なアンダルシア馬を引き、騎兵のようないでたちをした男性がたたずんでいた。馬は行きかう人波に臆することなく、おとなしく立っている。よほど人慣れしているのだろう。近くに貼られたポスターから察するに、馬車博物館で行われる馬術ショーの客引きのようだった。いきなり馬と出会えるなんて、幸先がよい。いよいよ馬文化圏に近づいてきた、という実感がした。

　細い路地の先に、突如開けた空間が出現した。そこにそびえたつ巨大な壁のように見えるものこそ、もとはモスクで、カトリックの大聖堂に改修された世界遺産、メスキータだった。往年のベルリンの壁のように、それはもう本当に、突然、何の前触れもなく出現する。

「レコンキスタ終焉の地」がグラナダの枕詞であるなら、古都コルドバの枕詞は、「後ウマイヤ朝の都」といえる。

　物語はイベリア半島からはるか遠く、シリアのダマスカスから始まる。七五〇年、アッバース革命が起きてウマイヤ朝が滅ぼされ、ウマイヤ王家の者は皆殺しにされた。その中でただ一人、逃亡に成功したのが、二〇歳そこそこのアブド・アッラフマーン（七三一－七八八）だ。栗色の肌に緑色の瞳、ブロンドの髪の先を頭の横で二つの房に編んだ、長身の美しい青年だったといわれる。彼は手持ちの貴金属を逃走資金に換え、シリアからエジプトに逃れ、奴隷だった母親の出身部族であるベルベルのナフザ族に匿(かくま)われ、モロッコでウマイヤ朝再興を画策する。そしてついにジブラルタル海峡を渡ってアル・アンダルース（アンダルシア）入りし、七五六年にコルドバを占領してアミール（総督）を名乗った。要は、アッバース朝に対抗した亡命政権をアンダルシアに打ち立て、その首都をコルドバに置いたのだ。いわゆる、後ウマイヤ朝（七五六－一〇三一）である。

そしてコルドバはトレドと並び、西方イスラームの中心都市となった。メスキータは、このアブド・アッラフマーンの時代に建設が始まった。

メスキータの周りにはユダヤ人街が広がり、彼らの信仰の中心だったシナゴーグ（ユダヤ教の会堂）がある。気をつけて探さないと見過ごしてしまうほど素朴な建物で、街並みに完全に溶けこんでいる。その近くには、コルドバ生まれのユダヤ人哲学者、マイモニデス（一一三五－一二〇四）の銅像がある。ユダヤ教徒とイスラーム教徒、キリスト教徒が共存し、東洋と西洋の知が結集したコルドバを象徴するような人物だ。しかし原理主義的なイスラームを信奉する、モロッコから進出したムワッヒド朝（一一三〇－一二六九）の支配下でユダヤ人排斥の空気が吹き荒れ、迫害を避けたマイモニデスはモロッコのフェズを経由してカイロへ逃れた。そして、キリスト教徒からエルサレムを奪還した、サラディン（サラーフッディーン）の侍医となった。

かつて三つの宗教の信徒が共存した、コルドバの街。

非寛容な宗教政策は、異文化融合を嫌う。マイモニデスに去られたアンダルシアは、この時、大きな財産を失ったのだった。

メスキータの重み

まだ傾こうとしない強烈な太陽の光を反射する白壁に、飾られた色とりどりの花。路地からふらりと中に入ると広がる、緑あふれる美しいパティオ（中庭）。ふと足を止めると、アラブの楽器、ウードがショーウィンドーに無造作に飾られている。迷路のような旧市街を抜けると、とうとうと流れるグアダルキビル河が現れ、風が一気に吹き抜ける。様々な要素のコントラストが強い街だ。ここで、三つの宗教の信徒は互いに袖ふれあう距離で暮らしていた。

この街は実に感じがよい。ここには、グラナダのような、アラブっぽさを故意に演出するテーマパーク的な要素がなく、どしりとしたすごみのようなものが感じられる。人けのない早朝に路地に立ったら、手触りのよい布に身を包んだラビ（ユダヤ教の指導者）や、ターバンを巻いたアラブの商人と本当にすれ違いそうな気がする。

コルドバは一二三六年、のちに列聖されて「聖王（El Santo）」と呼ばれるカスティーリャ王フェルナンド三世（一二〇一－五二）によってレコンキスタされた。そして壮麗なメスキータもこの時、大聖堂に改修された。つまりこの街がキリスト教陣営の手に落ちてから八〇〇年近くが経過しているのだが、それでも街全体にイスラームの香りが漂い続けていることに驚く。もともとモスクとして建てられたメスキータが自らの「出自」を忘れることなく、いまだに強烈な生命力を放ち続けているように映った。

グアダルキビル河に面したバルに腰を落ち着け、ロウソクの淡い灯りのもとでサングリアを飲んだ。街の感じがよいので、部屋に戻りたくない。ずっとここで、風に当たっていたい。すると闇の向こうからシャンシャンシャンシャンという音が近づいてきて、馬車が目の前を走り抜けていった。日が落ちてもなかなか気温の下がらないここでは、馬の首につけられた鈴の音がとりわけ涼しげに聞こえる。

アンダルシアで馬に乗れたら、どんなにいいだろう。

コルドバの心地よさに気持ちが解放され、そんな欲望が芽生え始めた。

アンダルシアンに乗る

カタルーニャについて

アンダルシアで馬に乗りたい。大それた乗馬でなくてかまわない。とりあえずこの地で馬にひとまたぎできれば、それでいい。

そう考え始めたら居ても立ってもいられず、インターネットで探した。そしてヨーロッパ各地の様々なアクティビティの予約を行う代行サイトで、ようやく外乗ができるところが見つかった。場所は次の目的地であるセビーリャの近郊。セビーリャでは少し長めに宿を確保しているので、都合がよかった。

代行サイトから仕事を請け負った、英語の話せるフリーのコーディネーターが、自家用車を運転してホテルまで迎えに来てくれた。ふだんはビデオ撮影のスタッフとして働き、副業として「送迎だけでなく、どんな仕事でも」しているという。車内にはイギリスから来た夫妻、ジェニファーとオリヴァー、その女友達のサラがすでに乗っていた。彼らが今日の旅の供だ。三人とも旅先で馬に乗ったことはあるが、本格的な乗馬経験はないという。

ひとしきり雑談をしたあと、サラがコーディネーターの青年に尋ねた。

「カタルーニャの独立について、どう思う?」

車内に緊張が走った。

折しも二日前、カタルーニャ自治州の独立を問う住民投票がカタルーニャで行われ、投票率は四〇パーセントほどに過ぎなかったものの、圧倒的多数で独立が支持された。私もホテルのテレビでニュースを見たが、映像の多くが喜びに沸くバルセロナ市民の様子を映したものだったため、スペイン全土がそんな空気に包まれているかのような錯覚を抱いた。

それが、現実のほんの一断面に過ぎないことを知らされたのは、翌朝のことだった。

ホテルから外に出ると、セビーリャの街では、カタルーニャ独立を支持しない、つまりスペイン政府支持を表明するためのスペイン国旗が、住宅の窓々からはためいていたのだ。アンダルシアではこれほど冷めているのかと、虚をつかれた思いがした。

その日の晩、コルドバで知りあったセビーリャ住民のエレナという女性と食事をした。私もサラと同じように、軽い気持ちでカタルーニャ独立について尋ねた。すると彼女は顔面蒼白になり、「こういう話題を人前で口にするのは、とても勇気が要る」と言って、やんわりと回答を拒否した。

スペインでは、フランコによる独裁政権が長く続いた影響で、ある一定以上の年齢の人は政治の話を嫌う、と聞いたことがある。あまりに軽々しく尋ねたことを反省したものだが、同じような緊張が、再び車内に走ったのだった。

「カタルーニャはスペインで一番豊かな州だから、独立してもやっていける自信があるんでしょうね。それほど独立したいなら、すればいいと思いますよ。でも我々アンダルシアの人間は、スペインなしでは生きていけません」

コーディネーターの青年はそう言い、それから車内は気まずい静けさに包まれた。

太陽の色彩

ホテルを出発してから三〇分ほどで、目的地の馬術センター「エル・アセブッチェ」に到着した。周囲に広がるオリーブ畑。赤いレンガでできた門柱に水色のペンキで塗られた木のゲート。地面は砂のようにサラサラしている。馬房は赤茶色と深緑のペンキで塗り分けられ、細部の美意識が美しい。その色彩感覚が、私の記憶にある中国の広東省及び福建省の沿岸地域と似ていた。

旅をしていると、その土地の人々の色彩に対する感覚を興味深く思う。いま目の前にある色づかいが、たとえば東京近郊の馬場で繰り広げられていたら、あまり似合わないだろうが、この太陽の角度だと実に映える。色彩の好みは、その土地を照らす太陽の強さと角度、温度の高低、そして風の強弱に影響を受ける、というのが私の持論だ。

中国の華南地方とアンダルシアが、どことなく似ているというのは、あながち的外れではない。アンダルシアではアーモンドが採れるが、福建省の人々は落花生を手放さない。そして華南ではオリーブとよく似た橄欖（かんらん）が採れる。橄欖とカラシ菜の佃煮「橄欖菜（ガンランチョイ）」は私の大好物で、香港へ行くたびにまとめ買いをし、お茶漬けにのせたり、調味料としてパスタに入れたりサラダにまぶしたりと、洋の東西をまたいだ食べ方をしている。

「エル・アセブッチェ」は観光客を馬に乗せることがメインの観光牧場ではなく、屋外馬場に屋内馬場、そして馬用のウォーキングマシーンまで備えた、本格的な馬術センターだった。屋外馬場では、相当キャリアの長そうな騎乗者が二人、自主練習を行っていた。依頼が入った時に、観光客用の外乗も行う、という形式のようだ。

私たちを引率してくれるインストラクターは、休日に畑仕事にいそしむクラーク・ゲーブル、といった体（てい）の渋い男、ダニエルだ。彼が私に選んでくれたのは、クスコという名の芦毛の牡馬。他の三人は鹿毛の馬だった。

「この子はアンダルシアンですか？」という私の問いに、ダニエルは「アンダルシアンの雑種だよ」と答えた。

アンダルシアンとは、アンダルシア原産の馬の総称であって、正式な品種名ではない。スペインでは一九一二年より、スペイン産純血種をＰＲＥ（Pura Raza Española）と呼び、雑種のアンダルシアンとは区別するよう定めた。が、一般的には両方を「アンダルシアン」と呼ぶことが慣習となっている。つまり、スペインにおいては、「アンダルシアン」といえば雑種を意味し、純血種の場合はPREと付け加えることになる。

私は、馬の血統には興味がない。アンダルシアの地で生まれ育った馬に乗れれば、それでいい。芦毛のクスコが、早くも愛おしく思えた。

クスコはサラサラの白いたてがみの持ち主で、光が当たると金色に近く見える。体高は私の肩くらいなので、それほど高くない。頸がたくましくて胸は厚い。胴はどっしり、脚もしっかりして安定感がある。

私たちはまず、屋内馬場で軽いレッスンを受けた。

緊張するひとときである。なんとなく歩かせているだけのように見えるが、実情はまったく違う。馬体の大きさ、馬の気質は個体によりもちろん異なり、さらにその土地によって扶助（指示）の出し方なども異なる。これから歩く地面は草なのか、土や砂なのか。その乾燥具合は？ 囲いで覆われた馬場から出たあと、どのような風景の中を歩くのだろう。広さは？ 地面のアップダウンは？ いろんな場面を想定し、心の準備をする時間だ。

常歩（なみあし）をしながら、人間と馬の間でコミュニケーションをとり、駆け引きというかすりあわせというか、互いのことを知っていく。クスコは非常に感度がよく、軽い扶助でもただちに反応する子だった。安全な馬場にいる間に、発進、停止の扶助を繰り返し練習する。

私が通う乗馬クラブの初級者で、「この馬はなかなか走らないから、よく走る馬に替えてほしい」と不平を述べる人がいる。が、それは不当ないいがかりで、馬が走らないのは、人間が出す扶助が正しく伝わっていないことがほとんどだ。

乗馬クラブのインストラクターの先生は口を酸っぱくして言う。馬をコントロールするにあたって大事なのは、走らせることより、止めること。馬が何かの拍子に走り始めた時、止められなければ、落馬という惨事を迎えることになる。

クスコはよく走れそうな子なので、よりいっそう、停止を復習した。

野生のオリーブ

屋内馬場でしばし馬体に慣れたあと、馬にまたがったまま馬場を出、近郊トレッキングに繰り出した。

若い木が多いオリーブ畑の道を、常歩で進んで行く。

乾きすぎて砂のようになった地面を、馬の蹄がキュッ、キュッというかすかな音を立てて踏みしめる。その音が聞こえてくるほど、周囲は静まりかえっている。私たちは会話を禁止されたわけでもないのに、その静寂に気圧されたかのように、無言で歩を進めた。

馬場からついてきた二匹の犬が、ダニエルの馬とクスコの間を歩き、右に寄ったり左に寄っ

芦毛のクスコに乗って、
静けさ漂うオリーブ畑
の道を行く。

たりして、残された匂いをチェックしている。オリーブの木の葉の間から、太陽のしずくがキラキラと降り注いでくる。

静かだった。ひたすら、静かだった。

何かに乗りながら、これほど静けさを感じたことはない。動力のない自転車に乗っていたって、車輪の回る音がする。

ふだんクラブで乗る時も、たくさんの音に囲まれている。馬場の周りを走る車、子どもの声、先生から飛んでくる指示など、様々な生活音が混じっていた。

馬に乗るとは、本来、こんな静かな世界なのだ。

穏やかな馬と、さほど緊張の要らない常歩。その条件が合ってはじめて、風景や光や風を楽しむことができる。

走りたいと思っている時は、欲望が勝ちすぎて、風景も音も、実は何も楽しんでいないのだった。

ダニエルが馬上からオリーブの木に手を伸ばし、実を二つもぎとってくれた。黄緑色をした、まだ固い実だ。

「うちのセンターの名前、Acebuche（アセブッチェ）は、『野生のオリーブの木』という意味なんだ。この地方を象徴する木だよ」

そんな素敵な意味がこめられていたとは。

オリーブ並木の道を抜けると、広い野原が目の前に広がった。目の前に、空に向かって両手を大きく伸ばしたような巨木が立っている。

「あれはイベリコ豚が大好きな木だよ」

どんぐりの木だ！

「ここでは飼っていないけど、あの実をたくさん食べて大きく育つんだ」

オリーブにイベリコ豚。スペインを代表する食文化を育む場所に、馬に乗ったからこそ触れられた。馬は、その土地の別の相を見せてくれる。

突然、後ろから悲鳴が上がった。目の前に原っぱが出現した途端、サラの乗った鹿毛が、あっという間に私たちを追い抜いて爆走した。狭い道から野原に出た喜びで、走り出してしまったらしい。二匹の犬も大喜びで追いかけていく。

馬に乗り始めてまだ日も浅い頃、長野でモンゴル馬に爆走された時の恐怖がよみがえる。クスコがつられて走らないよう、手綱を強く握った。

ダニエルがすぐさま馬で追いかけて鹿毛の手綱を握り、ストップさせた。

よかった。サラは落馬せず、なんとかもちこたえた。そして恐怖で硬直するサラを降ろしてダニエルが乗り換え、しばし調教を始めた。

「大丈夫？」とサラに声をかける。

「怖かったわ。何もしてないのに、突然走り始めたの。まだ心臓がドキドキしてるわ」

ダニエルは馬を襲歩(しゅうほ)で思いきり走らせたあと、馬の興奮を抑えるようにぐるぐる円を描き、徐々にスピードを落としていった。そして最後は常歩になり、「もう大丈夫。言うことを聞くだろう」と言って馬から下りた。

「乗って帰る？　それとも歩いて帰るかい？」

「乗るわ」

サラは気丈にもそう言い、もう一度馬にまたがった。

「大事なのは、走らせることより、止めること」

いつも先生に言われていることが、身に染みた。

私たちはもと来た道を、再び常歩で戻った。帰り道は、馬が早く帰りたくてまた走り始めることがあるので、往路よりもさらに注意が必要だ。しかしクスコは、何の危なげもなく、安全に私を乗せて帰ってくれた。

馬祭りの街、ヘレスへ

セビーリャでつかの間、馬との時間を楽しんだあと、ヘレス（ヘレス・デ・ラ・フロンテーラ）へ向かった。

賢王の存在

前に触れた通り、シェリー酒の生産地として知られるこの街では毎年五月に馬祭りが行われ、また世界的に有名な王立アンダルシア馬術学校がある。馬好き垂涎（すいぜん）の街といえる。

スペインへ向かう直前まで通っていたスペイン語教室で、ヘレスのボデーガ（ワイナリー）で働いた経験のあるクラスメイトがいた。彼女にヘレスの見どころを尋ねたところ、「馬が好きだったら、王立馬術学校より、もっといい場所があるよ」と言われた。それはヘレス郊外にあるジェグアダ・デ・ラ・カルトゥーハ（Yeguada de la Cartuja）という、アンダルシアンの馬産牧場なのだという。早速調べてみると、王立馬術学校は毎週土曜日に馬術ショーを、そしてジェグアダのほうは日曜日に見学ツアーと馬術ショーを行っていることがわかった。そのため、ヘレスの滞在が週末にあたるよう、苦心してスケジュールを組んだのだった。

これまで訪れてきたグラナダ、コルドバ、そしてセビーリャにはいずれも世界遺産があったため、すさまじい数の観光客であふれていたが、世界遺産がないことが理由なのか、ヘレスは静かなものだった。街のサイズもコンパクトで、歩いて回るのにちょうどよい大きさだ。アンダルシアの暑さと、自分のことは棚に上げて人の多さに疲れ始めた頃だったので、ヘレスの静けさはありがたかった。

ヘレスの旧市街は堅牢な城壁に囲まれている。街が小さい分、城壁の存在感が際立ち、ここが幾度となく攻められたことが想像できる。城壁の大部分はムワッヒド朝（北アフリカからアンダルシアを支配したイスラーム王朝）の時代である一二ー一三世紀頃に建てられたが、近年の発掘調査によれば、一部は後ウマイヤ朝時代の一〇世紀頃に建てられたことがわかった。つまりもともとは、キリスト教徒からの襲撃に備えたものなのだ。

イスラーム時代の王宮・アルカサルの中にはハマム（アラブ式公衆浴場）がそのままの形で残り、貯水槽の跡もある。イスラーム統治時代の、水と緑にあふれた世界を脳裏で想像した。

アルカサルの中に、モスクを転用した小さな聖堂があった。中央に噴水があり、馬蹄形アーチに囲まれた、ごくごく質素なものである。そこに十字架がなければ聖堂と気づかないほど、原形であるモスクに配慮したチャペルだ。

そこに詩の書かれたタイルが埋めこまれており、この街が「賢王（El Sabio）」という尊称で知られるカスティーリャ王アルフォンソ一〇世（一二二一－八四）によってレコンキスタされたことを知った。

私はその頃、一三－一四世紀スペインの民衆霊性音楽にはまっていた。特に一三世紀に編まれた四〇〇曲あまりの「聖母マリアの頌歌集（通称カンティガ）」に魅了され、歌詞を訳したり、自分で奏譜を起こして、古楽器のリュートでデタラメに弾いたりしていた。この歌集を編纂させたのが、「賢王」なのである。

馬産地として知られるヘレスは、「賢王」によって再征服された街だったのか……。「賢王」の存在で、初めて訪れたこの街が、なじみ深い場所に感じられた。

アルカサルの分厚い城壁に登り、街を一望してみた。眼下の街並みの向こうには、強烈な太陽に晒されて乾ききった大地が広がっている。城壁を取り囲むように、背の高い棕櫚が立ち並び、もしそこにヘレス大聖堂のドームがなければ、北アフリカといわれてもうなずいてしまいそうな風景だった。

コルドバでは、メスキータの圧倒的な存在感からイスラームの残り香を感じたが、ヘレスでは俯瞰した風景が非ヨーロッパ感を醸し出していた。

そしてここが、スペイン有数の馬産地なのである。

境界線上のヘレス

アンダルシアンに引かれた馬車のシャンシャンシャンという音を聞きながら、城壁沿いの並木道に設けられたベンチに腰かけた。心地よい風が吹いていた。ここでは、チェスの駒みたいに頸のカーブが美しい芦毛のアンダルシアンが、普通に馬車を引いている。なんと贅沢なことだ。

朝食をとったカフェで作ってもらった、ハモン・セラーノ（生ハム）のボカディージョ（サンドイッチ）をベンチに並べ、遅いランチをとりながら地図を眺めた。

ヘレス・デ・ラ・フロンテーラ（Jerez de la Frontera）の「フロンテーラ」は国境を意味する。リュックの中から、レコンキスタの年代入り地図のコピーをさらに取り出し、あらためて見比べてみた。

後ウマイヤ朝以来、イスラーム文化の華だったコルドバは一二三六年に、当時の西ヨーロッパで人口最多といわれた大都市、セビーリャは一二四八年にレコンキスタされた。これは「賢王」の父、カスティーリャ王フェルナンド三世によるもので、長い間停滞していたレコンキスタ前線を一気に南下させたことから、この時期の大躍進（あくまでキリスト教徒側から見ての、だが）は「大レコンキスタ」とも呼ばれる。それは、中東方面で十字軍が次々と十字軍国家を失地して落胆の大きかったキリスト教会にとって、久々の「良いニュース」だった。その功績が称えられ、フェルナンド三世はのちに列聖されて、「聖王」の尊称を得る。

アンダルシアの再征服のみならず、北アフリカまで攻略しようと夢見た「聖王」は、一二五二年に遠征途中で死去。果たせなかったその野望は息子の「賢王」アルフォンソ一〇世に託された。

アルフォンソ一〇世は、大西洋への玄関口であるカディス（一二六二年）と、このヘレス（一二六四年）を再征服。滑り出しは順調に見えたが、そこでレコンキスタ前線はぴたりと止まった。

そしてイベリア半島最後のイスラーム王朝、グラナダ王国の陥落（一四九二年）まで、ゆうに二〇〇年以上の時間を要したのだった。

ヘレスはこの、停滞したレコンキスタの境界線の近くに位置していた。大袈裟にいえば、レコンキスタの最前線に、この街が二〇〇年あまり存在していたことになる。

だから「国境のヘレス」だったのか……。現地に来て、ようやく実感した。

レコンキスタが突然停滞した理由は様々あるが、最も大きな要因は、キリスト教軍に押しこまれ続けたアンダルシアを見かね、北アフリカから興った強力なマリーン朝が軍事的に支えたことだった。「賢王」は、モロッコへ進出するどころか、それ以上進めなくなってしまった。

アンダルシアンとレコンキスタ

さて、馬の話である。

ヘレスが緊張関係にある両陣営の境界線に長く位置したと知ったら、ここが馬産地である理由もおぼろげながら見えてきた。

二〇〇年あまりの間、ここが常に戦争状態だったとは思わないが、レコンキスタ境界線の要衝である以上、いざという時の軍備を怠るわけにはいかない。騎兵に必要なものといえば、何といっても馬だ。こうして、軍備の需要から馬産地として発展していったのではないだろうか。

モンゴルへ行った時にも思ったが、馬文化が盛んで、馬を自由自在に操ることのできる人が多い土地は、戦闘の多かった土地である確率が高い。

もともとイベリア半島は、素晴らしい馬を有することで知られた。

地中海貿易で栄えたカルタゴは、イベリア産馬を多く軍馬として使用したし、ローマ帝国も荷役馬、軍馬として、また皇帝や王の特別な馬として使い、さらには競技場での馬車競技にもイベリア産馬が使われた。

アンダルシアンは、七〇〇年代から、イベリア半島にいた在来馬に北ヨーロッパの大型の馬、北アフリカのバルブ種が交配されたもの、といわれる。七〇〇年代といわれたら、これまたアンテナが振れる。北アフリカからアラブ軍が侵入し、またたく間にイベリア半島を席捲した時代だ。バルブ種とは英語でいうとBarb、またはBerber、つまりマグリブ（アフリカ北西部）のベルベル人が乗っていたことから名付けられた種類である。

イベリア産馬は確かに素晴らしかっただろうが、八世紀近くイベリア半島にいた、しかも一三世紀半ばに形勢が逆転するまではキリスト教徒を凌駕していた、アラブ人やベルベル人たちが北アフリカから持ちこんだバルブ馬も、敏捷な素晴らしい馬だった。この両者の馬が混じらなかったと想像するほうが難しい。

アンダルシアンそのものが、イスラーム・スペインの産物と考えられるのだ。

イベリア原産の重種馬[*6]のスタミナと、北アフリカ原産の軽種馬[*7]の敏捷性。ヨーロッパとアフリカの優位点を受け継ぎ、さらにパワーアップしたのがアンダルシアンなら、この馬はイベリア半島の歴史そのものといえる。

またシャンシャンシャンシャンという軽やかな馬車の音が近づいてくる。

アンダルシアンが、レコンキスタにこれほど関わっているとは思わなかった。

その馬車に客は乗っていなかった。乗ってみたい、という気持ちに一瞬かられたものの、なんだか急に申し訳ない感情がこみ上げて、見送った。

＊6－7　馬の体重や体格によって比較的大きいもの（重種）とやや小さく軽いもの（軽種）に分ける分類法においては、重種はフランス原産のペルシュロン種やブルトン種など、雄大な体軀を持ち、輓曳用に発達してきた品種を指す。軽種はサラブレッド種、アラブ種など軽快で競走または乗用に適するものをいう。

金曜日の午後、シェリー酒ティオ・ペペの醸造元の工場見学をし、工場内のボデーガでシェリー酒を楽しんだ。翌日の土曜日は、王立アンダルシア馬術学校で馬術ショーが行われる。が、私はまだそのチケットを予約していなかった。

何かを求め、やっとの思いである場所へ行き、現地に着くと、突然どうでもよくなる、という悪い癖が私にはある。ツアーなどに参加して、日本からいきなりこの世界に突入したら、もっと強烈な悦びや興奮を持てただろう。が、いろんな街を経由してここにたどり着き、それなりにレコンキスタやイスラームとの対立の歴史などを知ってしまうと、様々な思いが派生してきて、素直に楽しむことが難しくなってしまう。

だいたい、王室とか豪華絢爛とかいうものがもともと好きではないし、王立馬術学校の馬術ショーなど、自分の出る幕ではないのでは？　現地でそんな思いにかられてしまった。この面倒な性格は、本当にどうにかしたいものだ。

同じテーブルでシェリー酒を飲んだ、イギリスから来た老夫妻が、木曜日に見に行った馬術ショーの話題で盛り上がっていた。

「それほど素晴らしいのですか？」と話しかけると、「美しいの一言よ！」とのこと。

「行くべきですかね？　まだ予約してないのですが」

「時間があるなら、ぜひ見に行くべきだわ。いますぐ予約すべき」

彼女は親切にも自分が予約した代行サイトを教えてくれ、彼女に勧められるままその場でチケットを予約した。

王立アンダルシア馬術学校は、ヘレスの中心地から徒歩で三〇分ほどのところにある。路線バスが見つからず、仕方なく徒歩で行く。これくらいの距離は、馬に乗ったらちょうどいいのだけれど。

山吹色と白を基調にした本部の建物は、それはそれは壮麗で、馬文化の違いを見せつけられる。

エキシビションが行われる屋内馬場も豪華なしつらいで、気圧される。ショーは題して「馬はどうやって踊るか?」。クラシック音楽に乗って繰り広げられる、いわば馬版バレエといった趣で、純白のアンダルシアンが一糸乱れぬ踊りを披露する。

比較的前の席に座ったので、優雅に踊るアンダルシアンの馬上で、騎手が騎座[*8]で様々な扶助を出していることがわかった。たとえるなら、優雅に湖面を泳ぐ白鳥が、水面下で必死に足を動かしているのと似たイメージだ。

「クールベット」と呼ばれる二本足立ちでは、会場から大きな歓声が沸き上がった。

確かに美しい。思わず拍手をする。

＊8　騎手が馬にまたがった時の座骨、臀部、太腿(もも)など、人間と馬の接点のこと。

しかし、何か喜びきれないものがある。

人間が馬をひたすらコントロールして、何かをさせる馬術が、あまり好きじゃない。

こんなところで、そこに気づくなよ。ここが悪いのではない。私が悪い。

馬産牧場へ

そんなわけで、スペイン語教室のクラスメイトから勧められた馬産牧場、ジェグアダ・デ・ラ・カルトゥーハに期待がかかった。ここにはヘレスから行ける公共交通機関がないため、半日タクシーを借りた。

タクシーでヘレスの街を出て三〇分ほどたつと、広大な敷地が見えてきた。

ここはアンダルシアンの中の、カルトゥハーノ種を育成する牧場である。カルトゥハーノは、一五世紀以来、ほとんど体格が変わっていない独特な血統で、アンダルシアンの純血種ＰＲＥの八二パーセントがカルトゥハーノだという。

受付を済ませると、参加者は英語組とスペイン語組に分けられ、それぞれの言語によるガイドツアーが始まるのを待った。その間にも、広大な屋外馬場で職員が馬車につながれた馬を調教する姿が楽しめる。

ガイドツアーはもっとのどかなものかと想像していたが、人工授精や不測の事態に際した手術など、純血を維持するための設備紹介に力点が置かれ、病院の見学といった趣があるリアルなものだった。ケガやトラブルを避けるため、ここでは自然の交尾は行わせず、すべて人工授精なのだという。種を守るとは、即ち生殖のコントロールなのだと実感した。

流暢な英語を話すガイドさんはこの牧場の成り立ちについても語ってくれた。

ここの呼び名は、近隣のカルトゥーハ修道院から来ている。ここに修道院が設立されたのは一四七五年。伝承によると、修道院の借家人ドン・ペドロ・ピカードが家賃を払えず、そのかわりに牝馬と子馬を何頭か修道院に譲った。その中に、ひときわ美しくて優雅な「エスクラーボ」(「奴隷」の意)という馬がいた。現在のカルトゥハーノはみな、このエスクラーボの子孫なのだという。カルトゥハーノの血統を守るため、修道士たちは一五世紀末の時点ですでに馬の交配を始め、そのための牧場を作った。

「修道士は字が書け、学識もあったので、詳細な血統図を書きました。これは世界で最も古い馬の血統図の一つといわれています」

へえ……修道士たちが馬を守ってきたとは、おもしろい。

思わずくすっと笑う。生涯、性行為を禁じられた修道士が、種馬を選び、どの牝馬と交尾させるか意思決定をしていたわけだ。これ以上ない皮肉ではないか。そして、ここで馬の交配が始まったのは、ちょうどレコンキスタが終了する直前なのだな、と頭に刻みこんだ。

「しかし牧場を最大の危機が襲いました。ナポレオン軍の襲来です」

ツアーに参加したフランス人観光客が口笛を吹き、参加者の間に笑いが起きた。一八〇八年、ナポレオン率いるフランス軍がヘレスに到達すると、カルトゥーハ修道院も襲撃され、修道士たちは近隣地域へと流浪を余儀なくされた。良馬として垂涎の的だったカルトゥハーノはフランス軍に奪い去られ、とうとう血脈は絶えるかに思われた。が、一人の司祭が一頭を隠して育てたことで、かろうじて血統が守られた。

修道士たちは一八一〇年、ようやくヘレスに戻る。しかしその後、さらなる危機に見舞われた。一八三六年、スペイン国内の教会や修道院の財産がすべて国に没収されることになったのだ。いわゆる教会永代所有財産解放令「デサモルティィサシオン」である。修道士たちは着の身着のまま、馬を残して牧場を去るしかなかった。

しかし、ここでも救世主が現れた。カルトゥハーノの危機を救ったのは、ペドロ・ホセ・サパタという、ヘレス郊外にある町、アルコス・デ・ラ・フロンテーラの病院経営者だった。彼は六〇頭の牝馬と三頭の種馬を買い上げて荒れ地に隠し、そこへカルトゥーハ修道院の元修道士を送って世話をさせた。この馬たちが、現在ジェグアダにいる馬たちの先祖だという。

この地の宝である馬を、育て、交配させ、守る修道士。たびたび訪れる、純血を脅かす危機。そのつど救世主が現れて馬は守られ、現在まで血統が保たれている。

修道士、純血、外敵、血脈が絶える危機……と、カルトゥハーノにまつわる物語は、ほとんど神話の気配を帯びている。それだけ、この地の人々にとって大切な存在だったのだろう。

母馬と子馬の再会

ガイドツアーのあとは、王立馬術学校と同様、一時間ほどの馬術ショーを見た。王立馬術学校では屋内の豪華馬場、撮影禁止と高飛車な感じだったけれども、ここは屋外からつながった半オープンスペースの開放的な屋内馬場に、撮影はいくらでも可という、ゆるい感じがとてもいい。なぜ外とつながっているかは、あとでわかることになる。

一〇頭立ての馬車によるパフォーマンスや、二本足立ちなど、同じようなプログラムが続くが、ここの売りは、子馬の登場である。

引率馬に率いられた子馬の群れが、遠く放牧場のほうから小走りにこちらに向かってくる。本当に驚いてしまうのは、成長するにつれ純白になることの多いカルトゥハーノだが、子馬はほとんどが茶色なのだ。屋内馬場に着いた子馬たちは、不安そうに、所在なげにうろうろしながら群れている。

そこへ、屋外から芦毛の成馬の群れがダッダッダッと近づいてくる。母馬の群れだ。彼女たちが到着すると、子馬たちがざわつき、キョロキョロお母さんを探す。しかし彼らには母馬かどうかがすぐには判別できない。自分の子を探せるのは、母馬だけなのだ。お母さんが近づいてくると子馬は初めて母だと認識し、すかさず腹の下に鼻をつっこみ、おっぱいを飲む仕草をする。

一頭の子馬のところに、まだお母さんが来ない。不安で泣き出しそうに見える。そこへようやく、母馬が近づいてくる。やっと子馬は母の腹の下に入った。

その愛らしさに、会場から歓声とも溜息ともつかない、中途半端な声があがる。本当は拍手をしたいところだが、母馬と再会を果たした子馬を驚かせてはいけないと、誰もがわかっているのだ。

そしてつかの間のスキンシップが終わると、引率馬について、母馬も子馬も放牧場へと戻っていった。そこで初めて、大きな拍手が起こった。

どんな立派なパフォーマンスよりも、この母子の再会がよかったぞ。

ジェグアダでのひとときを終え、ずっと待っていてくれたタクシーに乗りこんだ。

「ここの馬は、最初は修道院で飼われていたそうですね」

運転手さんに話しかけると、「近くだから寄ってみますか?」と申し出てくれた。

周囲に何もない平原に、突如としてその修道院は出現した。いやいや、ものすごい壮麗さである。たまたまその時は結婚式を執り行っている最中で、中には入れなかったが、花が咲き乱れ、光がさんさんと降り注いで、めまいがするほど美しい。

スペインが世界に誇る馬の血統を脈々と守ってきた場所を訪れたら、そこは修道院だった。思いもよらぬ展開が、なんともいえず不思議だった。

血の純潔

アンダルシアンの源流ともいえるカルトゥハーノをたくさん見て、幸せな気分で牧場をあとにした。

それがあまり幸せな気分でなくなったのは、この旅からしばらくしてのことである。いろんなことがひっかかり始めたのだ。

カルトゥーハ修道院ができたのは一四七五年。レコンキスタ完了の直前であるが、それよりもっと気になるのは、一四七八年に始まった異端審問である。

カスティーリャ王国のイザベルとアラゴン王国のフェルナンド二世、いわゆる「カトリック両王」が一四六九年に結婚して、スペインに統一王権ができたことで、レコンキスタは最終局面を迎えた。そして先にみたように、両王はキリスト教の保護者として他宗教の弾圧を始め、グラナダが陥落したわずか三か月後には、ユダヤ人追放令を出した。

異端審問とレコンキスタはセットといえる。異端審問は、キリスト教に改宗しながら、その教えを実践しないモリスコ（旧イスラーム教徒）とコンベルソ（旧ユダヤ教徒）をあぶりだす制度だったが、特に富裕なコンベルソが標的とされることが多く、豚肉を食べなかったり、冗談でキリストの悪口を言ったりしただけで告発され、命を失い財産を没収されることもある、恐るべき制度だった。

そして異端として告発されないための防御策として、代々コンベルソの血を引いていないキリスト教徒の血筋を「血の純潔」として名誉とする風潮が生まれた。その背景にあったのが「血の純潔法」で、公職につく場合は四世代まで遡った家系図の提出が義務とされたのである。

競走馬の世界では、優秀な遺伝子を持つ馬が珍重される（ちなみに私は、その概念が好きではない）。こと馬の世界に関して、「血統」という言葉にあまり敏感に反応する必要はないのかもしれない。

しかしカルトゥハーノの血統が守られた歴史を見ると、そもそもタイミングが異端審問全盛期で、担い手が修道士であったことから、「なんとしてでも馬の血の純潔を守る」という熱意に、どうしてもレコンキスタ味を感じてしまうのだった。

ナポレオン軍による暴虐を目の当たりにし、人間の持つ本質の恐ろしさをスケッチし続けて膨大な作品を残した、かつての宮廷画家ゴヤ（一七四六－一八二八）が、こんな絵を描いている。

血統に血眼になる市民を風刺して、自分の家系図に夢中になるロバの姿を描いた「祖父の代まで」（版画集『ロス・カプリチョス（気まぐれ）』）である。

この絵を最後に紹介して、アンダルシアの旅を終わることにしよう。

フランシスコ・デ・ゴヤ　気まぐれ／39　祖父の代まで

東京富士美術館蔵　

第三章 ジブラルタル海峡を越えて

二つの大陸

テトゥアンへ

くねくねと道なき道を進んでいく。メディナ（旧市街）の中にあるリヤド（中庭のある家を宿に転用した邸宅）を出ると、とるものもとりあえずスーク（市場）へ向かった。向かったというより、一歩宿を出れば、そこはもう食料品スークである。まずはモロッコ国内で使えるＳＩＭカードを手に入れなければならない。

ここ、テトゥアンのメディナは、市街そのものがユネスコの世界遺産に登録されている。

日曜日の午後とあって、ものすごい数の人がスークを行きかっている。とりあえず何も考えず、人にもみくちゃにされながら、この土地の流儀を体に叩きこんでいく。新しい街に入った時の儀式のようなものだ。

スペインのレコンキスタ（国土再征服運動）を肌で感じるための旅はアンダルシアの対岸、モロッコへと移った。

一つの旅行で国境を越えるのは久しぶりだった。まして大陸間移動となると、いやが上にも緊張した。

早朝にヘレス・デ・ラ・フロンテーラのホテルを出て路線バスに乗り、イベリア半島南端に近いアルヘシラスへ移動。そこの国際旅客船ターミナルで、ジブラルタル海峡を渡る二時間後のチケットを買った。アルヘシラスから渡航できるアフリカ側の港には、セウタ、タンジェという選択肢があった。大旅行家イブン・バットゥータの故郷であるタンジェに未練はあったが、多くの旅行者が向かうタンジェではなく、スペイン領の飛び地、セウタを選んだ。最初の目的地であるテトゥアンへ向かうには、そのほうが交通の便がよいからだ。

ヨーロッパとアフリカを結ぶ国際フェリーということで、ものすごい異国情緒を期待していたのだが、これがもう通勤旅客船という趣で、旅客の多くはスペイン国内で働いている風のモロッコ人や、犬を連れたままハンドバッグ一つで乗りこむような、軽装の人たち。しかも船内はガラガラ。バックパックを背負い、「おお、アフリカよ!」と興奮している客など、私くらいなもので、思いきり拍子抜けした。

船が港を出て加速するとじきに、ジブラルタルの奇岩「ザ・ロック」が左手に見えた。

イベリア半島の南端に位置するジブラルタルは、そこだけイギリス領である。ここといい、マゼラン海峡の東方にあるフォークランド諸島といい、もとの香港といい、イギリスというのは交通の要衝を占領するのが本当に好きな国だよな、と愚痴りながら、岩山を眺めた。ジョン・レノンとオノ・ヨーコは一九六九年、ここで結婚式を挙げた。愛と平和を訴えたジョンとヨーコにしては、素晴らしい選択だったとは私にはとても思えない。

もっとも、モロッコの北端に位置するセウタやメリリャを占領したままのスペインも、イギリスのことは言えない。それだけ、大西洋と地中海をつなぐこの海峡が戦略的に重要だということに他ならない。

そうこうする間に早くも船は減速し始め、一時間ほどでセウタに到着してしまった。高速水中翼船ではなく、巨大フェリーで一時間というと、まったくたいした距離ではない。それもそのはず、アルヘシラスとセウタの間の距離はわずか三五キロほどなのだった。

水中翼船で一時間かかる香港とマカオより、この二大陸のほうが近い。さらにいえば、この二大陸は、長崎と五島の福江島よりも近い。

アンダルシアとモロッコがこれほど近いと体感できたのは収穫だった。

スペイン領セウタに上陸するとタクシーで国境へ向かい、徒歩でモロッコ本土に入った。国境検問所でパスポート・チェックを受けてフェンスから外に出た途端、スペイン国内で使えるSIMカードを入れたスマートフォンが、きっちり電波を受信しなくなった。そこには店や両替所などは一切なく、乗りあいタクシーがひしめきあう、ただの郊外の道だ。ここからテトゥアンの宿まで、勘と気合だけで行きつかなければならない。「テトゥアンまで行く？」と客引きの青年に英語で尋ねたところ、まったく無反応だったため、同じ内容をスペイン語にしてみたところ、「テトゥアンに行くよ！」とスペイン語で返答があった。

「両替所はある？　ユーロしか持ってないんだけど」

「両替所なんかないよ。ユーロでＯＫ。さあ、乗って」

モロッコというとフランス語というイメージが強いけれど、北モロッコではスペイン語が通じ、レコンキスタ味がある。しかしそれはレコンキスタというより、フェズ条約が原因だ。一九一二年のフェズ条約により、フランスはモロッコを保護国化し、国土の大半はフランス領モロッコ、そしてスペインがすでに領有していた西サハラに加えて北モロッコの一部がスペイン領モロッコとなった。そして翌一九一三年、テトゥアンはスペイン領モロッコの首都となった。モロッコの人にとって旧支配者の言語を東洋人が話すことはハッピーではないだろうが、最低限通じる言語があることは一人旅には重要なので、仕方ない。

世界遺産と最新モバイルネットワーク

混沌としたテトゥアンのメディナには、そこらじゅうに野良猫がいて、商品の上に寝転んだり魚屋の魚を狙ったりと、自由気ままに過ごしている。宿にしたリヤドのエントランスにも、絨毯の上からまったく動かない猫がいた。これだけ混みあい、人と人とがぶつからずに歩くのも困難なほどなのに、人々は器用に猫をよけて通る。猫が動かないので、人がよけるしかないのだ。イスラーム圏の人々は本当に猫を大切に扱う。アンダルシアではほとんど猫を見かけず、それがおおいに不満だったので、のびのび振る舞う猫を見るだけでもイスラーム圏に入った実感がした。

お目当てのＳＩＭカードは、いとも簡単に手に入った。

紙に包まれたモロッコ・テレコムのＳＩＭカードは、それこそ、そこらじゅうの路上タバコ屋で売られていた。しかし設定の煩雑さを考えると、誰かの助けが欲しい。そこでスマートフォンや充電機器を売る小さな店に注目したところ、リヤドからわずかな場所にスキンヘッドの若者が開いている店を見つけた。

「ボンジュール」と言われて「オラ」とスペイン語で返すと、すぐさまスペイン語に切り替えてくれた。サッカーの元フランス代表でアルジェリア系のベンゼマに似た気さくなお兄さんだ。ＳＩＭカードはあるかと尋ねると、すぐに引き出しから出してくれた。案の定、取扱説明書に

伝統的な邸宅を改装したテトゥアンのリヤド。

はアラビア語とフランス語しか書かれていない。「やってくれる？」とiPhoneを差し出すと、「バレ（いいよ）」と快く引き受け、またたく間に設定をしてくれた。

「これは一週間有効のプリペイドだから、一週間後にはまた新しいカードを買って設定してね」

「どうしよう？　できるかな」

「また俺みたいな若者を探して頼んだらいいよ」

この上もなく優しい。そして便利だ。世界遺産と最新モバイルネットワークのギャップにめまいがする。

アンダルシアとの連続性

テトゥアンの歴史は古い。紀元前三世紀頃にはフェニキア人の交易の場として築かれ、一世紀のアウグストゥス帝時代にはローマ帝国の属州に入り、四世紀末にローマ帝国が東西に分裂したのちは東ローマ帝国（ビザンツ帝国）の支配下に入った。

モロッコの歴史で興味深いのは、イスラーム化したタイミングだ。アラビア半島でイスラームが誕生すると、またたく間に北アフリカへ進出し、ビザンツ帝国の版図を奪っていった。そしてウマイヤ朝の将軍ムーサーがモロッコを征服し、七一一年にはさらにジブラルタル海峡を渡ってイベリア半島へ侵入した。つまりイスラーム・スペインの誕生とモロッコのイスラーム化はほぼ同時期だったわけである。どちらの人々にとっても、新しい価値観の到来だったのだ。

テトゥアンがある場所にカスバ（城砦）とモスクが建てられ、現在の街の基礎が造られたのは一三世紀末、ベルベル人王朝であるマリーン朝の第六代スルタン（皇帝）、アブー・ユースフ・ヤアクーブ（在位一二五八―八六）の頃といわれ、街の規模を拡大したのはアブー・サービト（在位一三〇七―〇八）だった。アブー・ユースフ・ヤアクーブといえば、カスティーリャ王「賢王」アルフォンソ一〇世と、ジブラルタル海峡を挟んで熾烈な勢力争いを繰り広げたモロッコの王である。私がスペインとお別れしたアルヘシラスも、タリファ、ジブラルタルとともに一二七五年、この王に奪われた。アルフォンソ一〇世がレコンキスタしたばかりのヘレスも包囲されたが、こちらは最後まで落ちなかった。

宿敵のように見える二人の王だが、奇妙な連帯関係もあった。アルフォンソは晩年、息子のサンチョに廃位を言い渡されて宮廷から追放されるが、なんと、かつての宿敵、アブー・ユースフ・ヤアクーブに助けを求めたのだ。敵の敵は味方、という論理である。応じたモロッコの王は海峡を渡ってまたたく間にコルドバを包囲し、マドリードまで攻め上がった。結局援軍が来ずにヤアクーブはサンチョと講和して退却し、アルフォンソはセビーリャで失意のうちに息を引き取った。

この街の基礎がその時代に形作られたと思うと、「賢王」好きの私には感慨深いものがある。

テトゥアンの人口が急増したのは、一四九二年、グラナダ王国が陥落してレコンキスタが完了したことがきっかけだった。

何代にもわたってアンダルシアで暮らしたモーロ（イスラーム教徒）にとって、モロッコは故郷ではなく、見知らぬ異郷である。もう戻れないアンダルシアを思い、どんな気持ちだっただろう？

光の差さないメディナから光のあるほうへ向かって門をくぐると、丘の斜面にびっしりと民家がひしめきあうように建っている。丘の最も高いところに、この街で一番早くできたカスバがあり、メディナはその裾野に、城壁に囲まれて広がっている。城壁を出たところにある広場には、日曜日の夕暮れということもあってたくさんの家族連れが繰り出し、夕涼みをしていた。

そこから丘を見上げると、「あ！」と思わず声が出た。

アンダルシアの「白い村」とそっくりだ。

アンダルシアがこちらに似ているのか？　それとも、こちらがアンダルシアに似ているのだろうか？

小さな小さなシナゴーグ

テトゥアンには、モーロだけではなく、スペインを追われたユダヤ人も多く暮らしていた。

メディナには「メッラハ」という旧ユダヤ人居住区がいまも残っている。二〇世紀初頭の時点ではこの中に一六のシナゴーグ（ユダヤ教の会堂）があり、六〇〇〇人ものユダヤ人が暮らし、「小さなエルサレム」と呼ばれた。カスバの脇に設けられたユダヤ人墓地には一万柱もの墓がいまなお残っているという。

しかし第二次世界大戦が終了し、イスラエルが建国されると、メッラハから出ていく人が増えた。その移住先は、イスラエルに加えてアルジェリア（マスカラ、オラン）、スペイン（スペイン領のセウタ、メリリャ、そしてスペイン本土のセビーリャ、カナリア諸島）、英領ジブラルタル、タンジェ、そしてアメリカとブラジルが多かったそうだ。

テトゥアンには、ユダヤ人のための現役のシナゴーグが一つある。宿泊先のリヤドでもらった手製の地図にダビデの星が描かれていて、初めてそのことを知った。

その星は、メッラハからはだいぶ離れた新市街のはずれにあった。

その地図を手に向かってみたものの、普通の集合住宅が建ち並んでいるだけで、シナゴーグと思われる建築物は見つけられなかった。界隈を何度もぐるぐる歩き回ったが結局見つけられず、仕方なくそこにあった貿易会社と思わしき事務所に入って尋ねてみた。年配の主人は私を思いきり警戒し、何が目的なのか、そこへ行って何をしたいのかなどをしつこく尋ねてきた。尋ねてくるからには、シナゴーグと何かの関係があるのではないかと察せられた。日本から来た、スペインを追われたセファルディ（離散ユダヤ人）に関心がある、などとスペイン語で事情を説明すると、「一時間後に来るように」と言われてドアを閉められた。

いきなり訪ねたのはさすがにまずかった、これは無理かな、と思いながらも、一時間後に再度訪れたところ、主人はすぐさまドアを開けてくれ、事務所の奥へ手招きした。そして事務所の奥の鍵を開け、さらに鍵を開け、倉庫を通り抜けてまた鍵を開け、トイレの中を通り越し、ようやく光が差す場所に到達したと思ったら、そこに小さなシナゴーグがあった。

外から見たら、そこにシナゴーグがあるとはまったくわからない。集合住宅の内部にある、私的祈禱所といった趣だ。シナゴーグがイスラーム過激派によるテロの標的とされることが多い昨今の世界情勢を思えば、この厳重警戒は十分うなずけた。

シナゴーグの扉の前で、管理人の一人、くるりんとカールしたヒゲをたくわえたエリアス・ベンチモルさんが待っていてくれた。主人が一時間待つように言ったのは、おそらくエリアスさんを呼んでくれたのだろう。その厚意には感謝しかない。エリアスさんはいきなり訪ねてきた私に困惑しながらも、淡々と中に招き入れてくれた。

「この街に残るユダヤ人は年寄りばかりで、もう一〇人しかいません。ラビ（ユダヤ教の指導者）ももういません。重要な儀式の時だけ、カサブランカから呼ぶんですよ」

とエリアスさんはスペイン語、というより、セファルディの話すラディーノで話した。

小さく、掃除の行き届いたシナゴーグだった。会衆席に並べられた、ピカピカに磨かれた木製の椅子は一二個。この数が、テトゥアンに残るユダヤ人の数の現実である。

会堂の後方にはたくさんの椅子が片付けてあり、その上はおびただしい数の経典（トーラー）の巻物と書物で埋め尽くされていた。この街から友人や親戚が去っていくたびに、椅子が一つ片付けられ、書物が残されていったことが伝わってきて、やるせなくなった。さぞ心細かろう。

ここまでやって来たものの、歴史のうねりをじかに体験し、様々な人たちが立ち去っていくのを見送り続けたエリアスさんを前にしたら、胸がいっぱいになり、何も言葉が出ない。こういう時、自分の気の弱さが本当に情けなくなる。ただそこに立ち尽くし、往時を想像するだけで精いっぱいだった。

高齢のエリアスさんにあまり長い時間付きあっていただくのも申し訳ない。感謝を伝え、エリアスさんがシナゴーグの扉を閉めた時、一つだけ質問させてもらった。

「これだけ多くの人々が立ち去ったなか、あなたはなぜここから立ち去らなかったのですか？」

エリアスさんはキョトンとしたような表情をし、その後ぽつりとつぶやいた。

「なぜって言われても……ここで生まれたからですよ。ここしか知らないんです」

その言葉を噛みしめながら、シナゴーグをあとにした。

レコンキスタでグラナダ王国が陥落し、イベリア半島を追われたモーロやユダヤ人が腰を落ち着けたモロッコのテトゥアンにいると、あまり波長の合わなかったグラナダを思い出すことが多くなった。モロッコでアンダルシアの復習をする、といった感じだ。

シナゴーグにひっそりと置かれたユダヤ教のトーラー。

ほんの半月前、「グラナダにはイスラームの気配がない。アルハンブラがあるだけの、テーマパークのような街だ」と意気消沈したことが、早くも懐かしく思えた。往時のアンダルシアを想像したければ、グラナダではなく、最初から北モロッコへ来ればよかったのだ。住民が大挙してこちらへ移動したのだから。

しかしその寛容だったはずのモロッコでも、現在ではユダヤ人の流出が続き、残された人は心細い立場を強いられている。

ジブラルタル海峡を挟んで対峙した、アンダルシアと北モロッコは、風景は確かに似ている。が、この両岸にももはや、三教徒が共存したかつてのアンダルシアの空気は残されていないのだった。

漠然とした圧

テトゥアンの新市街には、スペイン保護領時代に建てられたスペイン風の街並みが広がっている。ムーレイ・メフディ広場に面してカトリック教会があり、街路樹が並ぶ風通しのよい歩道にはオープンテラスのカフェが建ち並んでいる。旧市街と新市街では、まるで異なる時代に属しているかのようだ。

一瞬、スペインに戻ったかのような錯覚を起こし、カフェに入りたくなる。ところが、テーブルに着いているのは男性ばかりで、女性の姿はほとんどない。ここに分け入っていくのは相当勇気が要り、気圧されて通り過ぎてしまう。

モロッコではどうにも漠然とした圧を感じ、その勇気が出ない。それはモロッコというより、自分の心持ちの変化が原因だった。

ここへ来る一か月半ほど前の二〇一七年八月一七－一八日、スペインのバルセロナと地中海沿岸のリゾート地、カンブリルスで、容疑者を除く一六名が死亡、一三〇名以上がケガをするという凄惨なテロが起きた。ＩＳ（イスラーム国）にインスパイアされた実行犯グループ一二人は大半がモロッコ人とモロッコ系移民で、四人が逮捕され、六名は射殺、二名は爆弾製造拠点での誤爆で死亡した。

テトゥアンの街には、敬虔なイスラーム教徒がする伝統的な格好をして、豊かなヒゲをたくわえた若い男性が思いのほか多い。人波の中でそんな彼らとすれ違ったり、目が合ったりした時は妙に緊張し、異教徒っぽい行動は慎みたいという気持ちにさせられた。

スペインのシンクタンク「ロイヤル・エルカーノ」の統計によれば、二〇一三－一七年にスペイン国内で逮捕されたジハーディスト（イスラーム聖戦主義者）の国籍は、モロッコが第一位で、全体の約半分を占めている。中でも旧スペイン保護領だったモロッコ北部のリーフ地方（「海岸」の意。タンジェ、テトゥアン、アル・ホセイマなどが含まれる）出身者が多いことが特徴的だという。

北モロッコには、レコンキスタとスペイン領モロッコという、スペインに対する二重の負の記憶が残っている。時代によって緊張が高まるのは必然だった。

旧ユダヤ人居住区、メッラハへ

急に息苦しさを感じて、再びメディナへ引き返した。あそこへ逃げこみたい。目的もなく、ただひたすら人波にまぎれて歩きたかった。

ここは世界遺産でありながら、完全に人々の暮らしの場所なので旅行者は目立たず、しつこい客引きもいない。誰も自分に注目はしないし、放っておいてくれる。人にまみれているうち、国籍や宗教といった属性がはがされていき、自由になれる気がする。混沌の寛容とでもいおうか。その混沌の中で、コチコチに固くなった心身がほぐされていくのを感じ、ようやく一息つくことができた。

足は自然と、かつて一六ものシナゴーグがひしめいていたという旧ユダヤ人居住区、メッラハへ向かっていた。

リヤド近くの迷路のような食料品スークとは異なり、メッラハは細い路地だけれど碁盤の目のような整然とした街並みが特徴的だ。ここは建築当初から建物がほとんど変わらず、グラナダ、ガザ、フロリダ、セビーリャ、ハイファ、アルコス、マドラサ・イスラエルといった路地の名前も、一切変わっていないのだという。なくなったのは、ユダヤ人の姿とシナゴーグだけだった。

　ここにも猫がたくさんいて、店先でパンを買う女性の足元に勝手にまとわりついたり、道の真ん中にただ座り、人間の通行を妨げたりしている。しゃがんで猫をあやしていると、見覚えのある人が通り過ぎたような気がした。

　この町に知りあいなどいないし、気のせいだろう。立ち上がってあたりを見回すと、宝飾店の店先でガラスケースにもたれかかって店の主人と談笑している男性の姿が目に入った。一度見たら忘れられない、特徴的なヒゲを生やしている。シナゴーグで会ったエリアスさんではないか。

　向こうもこちらに気づき、「おや、何してるの？」と驚いていた。

「メッラハを見ておきたいと思いまして。エリアスさんはよくここに？」

「よくもなにも、ほとんど毎日来ているよ。育った場所だし、ここにはたくさん友達がいるからね」

　エリアスさんはそう言うと、シナゴーグにいた時とは別人のような柔和な表情を浮かべて笑った。

　ここにはたくさん友達がいる――。

　彼がこの街を去らない理由が、少しだけわかった気がした。

青の町、シャウエン

にぎわう観光地

楽しみながらも、歴史の重みに押しつぶされそうになったテトゥアン。少し一息つきたくなり、無邪気な観光客気分を味わいたくなった。そんな時は、外国人旅行者のひしめきあう観光地へ行くのが一番だ。そして「青い町」の異名を持つシャウエンことシェフシャウエンに国営バスで向かった。

山あいの道を抜けると、斜面にへばりついて建つ家々が見えてきた。そのありようが、アンダルシアの「白い村」とよく似ている。

シャウエンの町外れのバスターミナルでバスを降り、乗りあいタクシーで町の門に降りると、メディナを囲む城壁の内側はいきなりものすごい数の観光客で埋まっていた。春休みの原宿か、景気のよかった時代に避暑地としてにぎわった清里のようだ。この時期はちょうど中国の建国記念日を挟んだ大型連休にあたったため、中国から来た団体旅行客が多い。

テトゥアンでほとんど見かけなかった分、この人たちがどこからやって来たのか不思議だった。私がたどった道のりとはまったく別ルートで来ているのだろう。

シャウエンは山の斜面にへばりつくようにして家々が建っているため、くねくねとした坂道と階段だらけで、あてもなく歩くだけで汗が噴き出し、疲労感が募る。そんな疲労に清涼感をもたらしてくれるのが、この町の家々の壁に塗られた青色だ。そしてここは、テトゥアンよりさらに、猫でいっぱいだ。フォトジェニックな風景に、どこにでもカメラを向けたくなる。

この町は海抜六〇〇メートルほどに位置し、そこそこ高度があるために空気はひんやりし、小休止すればすぐに汗がひき、シャツが乾く。すると次には寒気が襲ってくる。アンダルシアでは何の問題もなかった半袖シャツとジーンズという服装が、モロッコの気候にはまったく合わないことを痛感し、迷わず洋品店に飛びこんだ。日本に戻っても着る機会がないことから、旅先で民族衣装はあまり買わないようにしているが、そんなことは言っていられない。とんがったフードがつき、ストライプ模様が印象的なベルベル人男性の民族衣装「ジェラバ」と、下はちょっと邪道だが、動きやすいアラブ風のサルエル・パンツを買った。

メディナの入り口の一つ、アイン門には「城壁に沿って建てられた歴史的な門は、ムーレイ・アリ・ベン・ラシッドの統治下、一四七一－一五一一年に建てられた」と書かれた記念板が埋めこまれていた。またメディナ内のリフ・サバニン・モスクには「このモスクはアンダルシアからこの町に逃れた人々によって一五四〇－一五六〇年に建設された」とあった。

ムーレイ・アリ・ベン・ラシッドがこの地を選んだ理由は、ここがテトゥアンとフェズの間の交通の要衝に位置すること、また当時ポルトガルに占領されていたセウタからの攻撃に備える要塞としての役割を期待してのことだった。そしてスペインを追われたモリスコ（キリスト教に改宗したイスラーム教徒）やユダヤ人がここに住み始めた。無邪気に楽しみたいと思っても、北モロッコにいる限り、レコンキスタがどこまでもつきまとってくる。

メディナ内のカスバの中には、アンダルシアからの移住者が実際に暮らした家があり、彼らが北モロッコに与えた影響にまつわる展示が行われていた。アンダルシアでよく見かけた、パティオ（中庭）のある家だ。アンダルシア出身者の主要な移住先はテトゥアン、ラバト、フェズ、マラケシュ、そしてここ、シャウエンだった。

アンダルシアからの移住には、二つの波がある。第一波は一四九二年のグラナダ王国陥落前後で、第二波はスペイン王フェリペ三世によってモリスコ追放令が出された一六〇九年前後。スペインのモーロには農業従事者が多かったこともあり、当初スペインは彼らをイスラーム教からキリスト教に改宗させるだけにとどめ、追放しない政策を採った。グラナダ陥落直後に追放されたユダヤ教徒とは、待遇が異なったのだ。しかし最終的には追放に踏み切った。

彼らはイベリア半島から様々な技術をモロッコにもたらした。農業面では灌漑技術をもたらし、手工業では毛織物の技術などに優れたものが見られた。特に手工芸が花開いたのは、移住者のとりわけ多かったテトゥアンだ。また、スペイン語に通じたモリスコの中には、その語学力や知識を生かし、モロッコの宮廷で翻訳官や外交官として活躍する者もいた。

皮肉な話だ。イスラーム・スペインはかつて、アラブ人が持ちこんだ灌漑技術によって用水路が張りめぐらされ、蔬菜(そさい)や果物が豊富に採れる緑多い地となった。しかし農業に従事したモリスコが大挙して立ち去ったことで、灌漑設備は放置され、再び乾いた大地に戻ってしまったといわれる。宗教的寛容性とともに、スペインが失ったものの一つである。

アンダルシア出身者は、新天地モロッコでの生活にすんなり溶けこめたのだろうか？

多くの人はモロッコにルーツがなく、見知らぬ土地である。スペイン語しか話せない人も多かっただろう。心の中ではイスラームを信奉しながらも、スペインではモスクに行けなかったため、宗教儀礼に詳しくない人も多かったに違いない。

追放された者たちで固まって暮らすことが、せめてもの慰めだったのではないだろうか。

青さの理由

暑さと坂の勾配に疲れ、旅行者があまり上ってこない上のほうの路地へ向かい、しばし子猫と戯れながら休んだ。

こうして見ると、青に塗りつくされていると早合点していた家々の壁が、実はそう真っ青一辺倒でもないことに気づいた。しかもその青には微妙な濃淡のコントラストがあり、何気なくではなく、明確な意図を持って塗り分けられているように見える。

灼熱の太陽に晒される土地では、日なたと日陰で強烈なコントラストが生じる。人が出入りする場所と強烈な日光に晒される場所は濃い青に、日陰になる時間が長い場所は淡く塗られ、そしてその青が反射しそうな場所は漆喰が白のまま残されている。日差しの角度や人間の錯覚を巧みに利用しているようで、実に賢いのだ。

シャウエンが青く塗られた由来には、諸説ある。

一つは、視覚効果による涼化対策。強烈な日差しに照らされるここでは、壁を青く塗ることで冷温効果を生み出すことができる、という説。次に、青が蚊を遠ざける、という防虫説。確かにシャウエンでは蚊に刺されることがなかったが、それが青のおかげかどうか、あるいは湿度が低いからなのかはわからない。さらには、ユダヤ人説。ユダヤ教で青は、空を象徴し、神の栄光を意味する神聖な色とされる。そうした宗教的意味あいをこめてユダヤ人が青く塗った、というもの。

どれもそれらしく感じられるものの、いずれか一つが決定打という感じはしない。

この町には確かにディアスポラのユダヤ人が多かったかもしれないが、彼らが宗教心から青く塗ったのだとしたら、一六ものシナゴーグがひしめきあって「小さなエルサレム」と呼ばれたテトゥアンのユダヤ人居住区メッラハが青く塗られなかった説明がつかない（それでも、多少は青く塗られていたが）。防虫と涼化対策は効果を発揮していると思われるが、ならば他の町がこぞって真似してもよさそうなもので、シャウエンだけが青い説明がつかない。

理由はよくわからないが、アンダルシア出身者たちが作ったこの町だけ、とにかく、なぜだか青いのだった。

夕日に照らされた青い町

日が傾き始めた頃、多くの旅行者がこぞってメディナの門から外に出ていった。おそらく夕日を見るためだろう。私もすかさず便乗し、ラス・エル・マの泉を下に見ながらオンサー門を出て、彼らについてどんどんと山道に入っていった。

山道を登りつめたところには、スペイン統治時代に建てられたジェマ・ブザアファ（スペイン・モスク）があり、その前の広場におびただしい人が集結していた。本来、異教徒がモスクの周囲に集って騒ぐことなど許されないが、ここはすでに閉鎖されたモスク。堪忍してもらおう。なるほどここは、シャウエン全景が見下ろせる絶景ポイントである。落ちれば絶壁からまっさかさまという場所にやっとのことで一人座れるスペースを確保し、足をぶらぶらさせながら日没を待った。

ワインやビールを片手に大騒ぎしている若い西洋人たちがいる。酒を飲みたい気分だが、イスラーム圏では飲まないようにしている。水筒の中の紅茶をちびりちびりやりながら、青い町を眺める。

あと少しで西の山陰に隠れる太陽が、シャウエンの町を真正面から照らしていた。明日もまた昇るのに、この世で最後の日没みたいな切実さで、最後の力を振りしぼるように太陽が輝くことを、いつも不思議に思う。だから夕日を見ると、何か感情が揺さぶられ、感傷的になる。自分まで太陽と一緒に、暗い世界へ引きずりこまれそうな気がする。

あらためて遠景を見ると、シャウエンはまさに、「白い村」だった。中にいて路上の視点から見ると青い町なのに、俯瞰すると白い村に見える。夕刻で日陰の部分が多くなると、人間はそれを「青」ではなく、「陰」と認識してしまう。それが、「青」が「白」に見える理由だった。

アンダルシア出身のモリスコやユダヤ人は、スペインから追放され、自身の信仰が弾圧されないモロッコへ渡っても、スペインでそうしたように、再び要塞のような白い村を作った。この地でもマイノリティだったことが、遠景に見るシャウエンの町の姿から伝わってきた。

太陽が隠れて日陰になった瞬間、町が青く燃え上がったように見えた。

生ハムの不在

シャウエンで投宿したのは、オンサー門から近い、五部屋しかないプチ・ホテル。朝はホテルの屋上で、シャウエンの町を見下ろしながら食べるという贅沢な時間を過ごした。

モロッコの朝食は素晴らしい。バターにチーズ、はちみつ、ドライフルーツ、モロッカンサラダ（クミンやコリアンダーを混ぜ合わせた生野菜のサラダ）、目玉焼き、山盛りのオリーブ、しぼりたてのジュース、ナッツ入りヨーグルト、そしてミントティー。帰国したら、日本で再現したいメニューだ。

「あ、そうだ、生ハムはないんだよな」と唐突に思い出す。先週までいたスペインではほとんど国民食のような存在だったハモン・セラーノが、ジブラルタル海峡を渡った途端に姿を消した。モロッコの食には何の不満もないのだけれど、舌の上でとろけるような生ハムの食感だけは、ほんの少し懐かしかった。

スペインにいた時、「スペインの人はハモン・セラーノが好き過ぎではないのか？」と感じることがあった。

ハモン・セラーノは、白豚の後脚を塩漬けにし、気温の低い乾いた場所に長時間吊るして熟成させたもの。バルやカフェに入ると、そのまんまの形をした豚の脚がドンと吊るされるか、あるいはカウンターに鎮座しており、注文するとその場で見事な手さばきで薄く切って提供してくれる。それが生ハムを新鮮に扱う最善策であることはわかっているのだが、ものすごく肉食感があってけっこうグロテスクな光景でもあり、慣れるまではドギマギしたものだ。

場所や時代によって濃淡はあるにせよ、かつて約八世紀にわたってキリスト教徒と共存してきたイスラーム教徒とユダヤ教徒は、周知の通り、豚食を禁忌とする人たちである。その歴史を考えると、加熱しない豚の後脚をその場で削って食べることは、この二教徒に対し、かなり挑発的な行為に映る。生ハムを食べる行為そのものが、まるで、キリスト教徒であることの意思表明のように感じられるのだ。

スペインの悪名高き異端審問所は、キリスト教徒らしからぬ行為をしたという目撃証言や巷の噂話までもネタに、モリスコやコンベルソ（キリスト教に改宗したユダヤ教徒）を摘発したことで知られる。その「キリスト教徒らしからぬ行為」のわかりやすい代表格が、豚を食べないことだった。

異端審問の非情と異常性を描いた映画『宮廷画家ゴヤは見た』（監督ミロス・フォアマン）に、こんなシーンがある。裕福な商人の娘、イネス（ナタリー・ポートマン演）が友人たちと居酒屋で食事をした時、給仕された豚肉料理の香りを嗅いだだけで露骨に嫌な顔をし、一口も口にしなかった。それを、客に混じって市民を監視する異端審問所の潜入捜査官が見逃さず、イネスの家に異端の疑いで異端審問所への出頭命令が届く。そして激しい拷問の末、イネスは一五年もの間、牢に監禁されることになってしまう。

映画の中では、イネスがキリスト教に改宗したユダヤ教徒であるかどうか、はっきりとは言及されない。実家が極めて裕福で、父親も兄たちも学識の高さがうかがえること、またユダヤ系のナタリー・ポートマンが演じていることで、見るこちら側は「おそらく裕福なコンベルソなのだろう」と理解するのみだ。

映画はフィクションだが、豚食への嫌悪が生命に関わる問題だった時代が、スペインでは存在したのである。異端の嫌疑をかけられずに暮らすためには、人目につく場所では積極的に豚を食べるのが肝要。ハモン・セラーノをせっせと食べることは、キリスト教徒であることをアピールする行為の名残のようにも見えてしまうのだった。

モーロの末裔

屋上のテラスを吹き抜ける風があまりに気持ちよく、朝食を済ませたあとも席を立たず、ミントティーを飲み続けていた。

その朝は、若い東洋人のカップルが一組いた。宿泊客の中で彼らが一番遅く起き、慌てて朝食にやってきた。彼が早く起こしてくれなかったことに、彼女が腹を立てているようだ。彼女のほうが圧倒的に立場が強そうなカップルだ。

モロッコのミントティーは、濃いお茶にありったけのミントを入れ、砂糖をふんだんに入れて飲むのが流儀だ。そのほろ苦い甘さが、暑さによる疲労がたまった体によく効き、すっかりはまってしまった。これは日本に帰っても再現したい、ミントを植えてみようか、などと思ってレシピを検索してみると、茶葉はなんと、中国の緑茶だという。中国である！　しかもモロッコは世界一の緑茶輸入国だというから驚きだ。

お茶がモロッコに伝わったのは一八世紀はじめで、当初は主に薬として用いられ、お茶を飲用できるのは役人や金持ちに限られていた。はじめは高価だったお茶も、次第に値を下げていき、都市住民から農村市民へと広がり、二〇世紀はじめには山岳部の住民にまで広がるようになったという。つまり、傍(はた)からはモロッコ食文化の柱のように見えるミントティー文化も、それほど古くからの習慣ではないことになる。少なくとも、アンダルシアからモリスコが渡ってきた時代にはなかった飲料だ。

一九世紀、モロッコに入る茶葉の輸入を独占していたのはイギリスだった。清から買いつけた中国産の緑茶を、英領ジブラルタルを通じてエッサウィーラやカサブランカに搬入したという。ジブラルタルの占領は、こういう時に役立つのだ！ 中国、イギリス、茶葉というと、英領植民地・香港を生み出した阿片(アヘン)戦争を思い出してちょっと嫌な気持ちになるが、イギリスがモロッコのミントティー文化の誕生にまで関与していたとは、いやはや、驚いた。

さきほどのカップル、彼女の機嫌もようやく直ったようだ。シャウエンには中国からの旅行者が多いので、彼らも中国本土から来たのだろうと思いきや、洩れ聞こえてきたのは意外にも広東語である。阿片戦争を思い出したせいもあって急に香港が懐かしくなり、思わず声をかけると、案の定二人は香港人のカップルだった。

二人は医者で、年に一度、中国建国記念日の大型連休を利用して自由旅行に出るのだという。驚いたことに、二人ともふだんは中国の広州に住み、広州の病院に勤務していた。香港の優秀な人材が、経済成長著しい中国の大都市に引き抜かれていく。私が知る香港や中国は遠い昔なのだという現実を、シャウエンで思い知らされた。

バックパックを背負ってチェックアウトしていく彼らを見送り、再びテラスでミントティーを飲んだ。宿のマネージャー、ムハンマドが食器を片付けに上ってきた。「まだいていいですか？　気持ちがよいので」と声をかけると、「好きなだけどうぞ！」と言ってくれた。私がスペイン語を勉強している最中だと話すと、「じゃあ君の勉強のためにスペイン語で喋ろう」と、しばしティータイムに付きあってくれた。

三八歳のムハンマドは生粋のシャウエンっ子で、通いのマネージャー。昨晩は夜勤のためホテルに寝泊まりしたが、ふだんは城壁の外の新市街に家族と住んでいる。ここのホテルのオーナーはカサブランカに住む投資家で、滅多にシャウエンには来ない。

ムハンマドは、色白で黒髪、スペインのアンダルシアを歩いていたら、何の疑いもなくスペイン人と思われそうな風貌をしていた。少なくとも、ベルベル人っぽくはない。

「僕はアラブ人だよ。この町には、ベルベル人はあまりいないね」

「この町はレコンキスタでスペインを追われたモリスコによって作られたのでしょう？」と尋ねると、「そうだよ」と即答し、「僕もスペインから来たモリスコの子孫だよ。多分ね」と付け加えた。

「ルーツについて親に何度も尋ねたことがあるけど、『ずっと昔からここに住んでいる』と言うだけで、その前のことは詳しくわからないんだ。でも多分、アンダルシアから来たんだと思う。特に母のファミリーがね。母はよく、スペイン人と間違えられる」

それからムハンマドは不思議な話をしてくれた。

「この仕事を始めて間もない頃、必要にかられて、英語を勉強した。しかし英語がなんとも肌に合わないというか、苦痛で仕方なくて、まったく上達しなかった」

そう謙遜しても、彼の英語は旅行業で十分に通用するレベルだったが。

そんな折、スペインからの旅行者がこのホテルに滞在した。彼らはムハンマドをスペイン人と勘違いし、スペイン語を話し続けた。当時スペイン語はまったくわからなかったが、耳に心地よく、遠い昔に知っていた言葉のように聞こえたのだという。

「それでスペイン語を勉強しようと思ったわけ。そうしたら、たったの一か月でほぼ喋れるようになったんだ。嘘じゃないよ、本当の話。その時、『この言葉を昔から僕は知っていたんだな』と思った」

この言葉を昔から知っていた――。

確かめようもないけれど、素敵な話だった。

砂漠の出会い

砂の記憶

目の前にフランス製の小さなジャムの瓶がある。中に入っているのは、砂。サハラ砂漠の一部を成す、モロッコのレルグ・シェビ（シェビ大砂丘）の一角、メルズーガの砂である。いつも目が届くように、寝室の本棚に飾っている。

私が従来イメージしてきた砂の概念をくつがえすほど、その粒子は細かい。てのひらにすくって指と指の間からこぼれ落ちるさまは、物体というより液体のようだ。あまりに粒子が細かいので、いつの間にかどこにでも侵入し、ふだん使っているリュックの底はいまでも微妙にザラザラしたままだ。

色は茶色というより、オレンジ色に近い。たとえるなら、ものすごく濃く入れたチャイにマサラをふんだんに振りかけ、さらに七味唐辛子をまぶしたような色。この瓶をキッチンに置いたら、カレーを作る際に間違えて振りかけてしまいそうだ。

しかし私の記憶にある砂丘の色は、こうではなかった。その色は太陽の角度によって自在に変幻し、最も太陽が高い時間にはミルク分の多いミルクティーのように見え、日が傾くにつれて紅茶分が濃くなっていった。

瓶の中に収まっているのは、太陽の存在しない砂だ。

シェビ大砂丘から去るにあたって砂を袋に詰めていた時、涙を流しながら甲子園球場の土を袋に詰める高校球児の気持ちが、少しだけわかったような気がした。ここにはもう戻れないから記念に持ち帰る、というのとは少し違う。ここで過ごした時間を、幸せな思いも苦い思いもひっくるめ、できることなら堰(せ)き止めたい。そして思い出すためのトリガーとしたいのだ。

そして時々瓶の蓋を開け、砂丘で過ごした時間を思い出す。しかし瓶を再び閉める時、幸福感は残っていない。砂丘で目にした色は、瓶の中ではけっして再現できない。あの色には、二度と出会えない。また行く以外にないことを痛感させられるのだ。

『アラビアのロレンス』

どこかあらたな場所へ行く前、気分を盛り上げるためにその土地にまつわる本を読んだり映画を見たり、ということを私はよく行う。先に取り上げた映画『宮廷画家ゴヤは見た』もその一環だったが、もう一作、モロッコへ行く前に何十年かぶりに見たのが『アラビアのロレンス』(監督デヴィッド・リーン)だった。

これには多少説明が必要だろう。この作品は、第一次世界大戦中、オスマン帝国に支配されたアラビア半島を舞台とする、アラブ人の独立を画策するイギリス人将校ロレンスを主人公としたもので、題材としてモロッコはまったく関係ない(映画の一部はモロッコの世界遺産、アイト・ベン・ハッドゥ近郊で撮影されたそうだが)。強いていえば、砂漠が登場することと、ヨーロッパ諸国の思惑で勝手に線引きされるイスラーム教徒の地、という共通点しかない。

モロッコを舞台とした映画といえば、ベルナルド・ベルトルッチ監督の『シェルタリング・スカイ』が有名で、日本で公開された一九九一年当時、劇場へ見に行ったものだが、この映画はまったく肌に合わなかった。当時はその違和感が言語化できなかったが、いまになって思えば、個人主義が行きづまったアメリカ人夫妻が、孤独と喪失感を癒すために「オリエント」へ向かうという、オリエンタリズムがどうしても受け入れられなかった。

『アラビアのロレンス』を初めて見たのは一〇代半ばの頃、時代でいえば一九八〇年代前半だった。当時はアラブとトルコの違いもわからず、阿片戦争を起こしたイギリスに腹を立てていたため、「イギリスがまた世界をめちゃくちゃにした」という思いが強く、あまりよい印象が残らなかった。しかも中国に関心を抱き始めたばかりで、中東の歴史や乾いた文化に惹かれる余裕もなかった。

それなのに再び見ようという気になったのは、なぜだろう。この映画の「馬の気配」が記憶に残っていたのだろうか。馬がたくさん登場する映画、という印象があったのだ。

馬が好きになってからというもの、映画やドラマに対する好みが完全に変わってしまい、とにかく馬の気配がするものなら何でも見るようになった。韓流ドラマも、馬が登場するという理由で時代劇ばかり見てしまうし、乗り物としての馬が存在する地域や時代のものを好む。関心対象が一つ増えるだけで、日常の好みや旅先の選定まで変わってくる。

そして見始めても、肝心のストーリー展開より、馬の登場するシーンばかり凝視するという、へんな癖がついてしまった。「この地の馬はこのくらいの大きさか」「この地ではこういう乗り方をするのか」「馬に乗れるエキストラをこれだけ集められるとはすごい」などといった、細かい点にばかり見入ってしまう。

特にアラビア半島といえば、サラブレッドを生み出す基礎となった、馬の中の馬という呼び声高いアラブ馬の故郷だ。アラブ馬がたくさん登場するのは目に見えていた。

そんなわけで、あまり印象のよくなかった『アラビアのロレンス』も、「馬枠」として関心対象に乱入してきて、何十年かぶりに見る気が再燃したのだった。

ラクダの存在感

結論から先に言うと、この映画には確かに馬がたくさん登場する。しかしそれ以上に突出しているのは、ラクダの存在感だ。これからしばらくラクダの話をするが、お許し願いたい。

イギリスの名優、ピーター・オトゥール演じるロレンスがアラブの反乱部隊を引き連れて疾走する場面で、ロレンスがまたがっているのはラクダである。自分の中に「速く走るのは馬だ」という固定観念があったため、ロレンスが乗ったのも馬だったはずだ、という風に記憶を捏造していた。広大な砂漠を渡るにはラクダが最適な動物だとは知っていたが、これほど速く走れる動物だったとは、近年にない驚きだった。

この映画はラクダ映画の金字塔といってよいと思う。それほど、ラクダが重要な位置を占めている。

半地下にある彼の執務室の、窓から見えるラクダの脚。ロレンスがラクダの乗り方を教わるシーン。「ハット　ハット　ハット」と言いながら鞭打ったところ、ラクダが突然走り出してロレンスは落駝する（ラクダから落ちることを、「落駝」と呼んでいいのだろうか）。

アラビア半島では、ヒトコブラクダに大変おもしろい乗り方をすることもこの映画を通して知った。こぶの上にざぶとんのように毛布を重ね、その上にまたがったら、右足を毛布の上で折り、左足は下にたらす。つまり騎乗する人間の左右のバランスは極めて不均衡なのだ。

手綱は片方の手で持ち、もう片方で鞭となる棒を持つ。そして下にたらした足でラクダの腹を蹴って「発進」、棒で打つことで「加速」の扶助（指示）をする。

馬で歩く、または走る場合、前後左右、どこにもバランスが偏らないよう、一本の線をイメージして体幹をまっすぐ保つことが重要だ。ところがアラビア半島北部のラクダ騎乗方法では、最初から体の重心がどちらか一方に著しく偏ることになる。しかもラクダは、右前肢と右後肢、左前肢と左後肢がペアになって動く、いわゆる側対歩（そくたいほ）で歩くため、騎乗者は左右に大きく揺さぶられる。この体勢で疾走するのだ。

映画中の疾走シーンでは、エジプト出身のオマー・シャリフ（ハリト族の首長アリ）やその他のエキストラが颯爽とラクダを乗りこなしているのに対し、アイルランド出身のピーター・オトゥールはやはり、少し危なっかしく見える。その様子がなんとも愛らしい。

この映画は、ロレンスが中東での任務を解かれ、灼熱の太陽に灼かれたり銃で撃たれたりする危険のない緑多きイギリスに帰還したのち、バイク事故で命を落とす場面から始まる。ラクダの背で左右非対称な乗り方をしていた時は無事だったのに、重心の安定したバイクで命を落とすとは、なんとも皮肉である。

ラクダと馬の行動範囲

この映画は、ラクダと馬の行動範囲の違いについても教えてくれる。

オスマン帝国が占領する港湾都市、アカバへ到達するには、目の前に広がる砂漠を渡らねばならない。

「あれが鉄道だ。そしてあれが砂漠。渡りきるまで持参の水でしのぐ。ラクダに飲ませる水はない。しかもラクダが死ねば我々も死ぬ。ラクダが死ぬのは二〇日後だ」と言うアリ。砂漠の横断になぜラクダが適しているかが端的に理解できる場面だ。そしてこのシーンでは、砂漠をゆくラクダが大海に漂う小舟のように見える。

ひと悶着ありながらも無事に砂漠を渡り終え、井戸でラクダたちに水を飲ませるロレンス一行。そこへ地元のハウェイタット族の長、アウダ・アブ・タイ（アンソニー・クイン演）が怒り心頭でやって来て、「わしの水を盗んだ一味か?」と難癖をつけ、その場に緊張が走る。結局、彼らとは行動を共にすることになるが、一歩間違えれば殺しあいになりかねない場面だ。

このワジ・ラムの谷に陣取るアウダたち一味がまたがっているのは、ラクダではなく、馬なのだ。

ここに、砂漠地帯におけるラクダと馬の使い分け（あるいは乗り分け）がよく表れている。

馬は、一日に三〇リットルほどの水を飲むといわれる、多飲性の動物だ。定期的に水を補給しなければ生存が危うくなるため、水飲み場を確保できないと生きられない。

一方、映画の中では二〇日間水を飲まなくても生きられるとされたヒトコブラクダは、砂漠での長距離移動に向き、その行動範囲は格段に広い。人間でいうなら長距離走者である。

水を確保できる谷を根城にし、略奪や奇襲を得意とするハウェイタット族は、狭い行動範囲を全力疾走で動くからこそ、馬で事足りる。短距離走者なのだ。乗る動物の違いが、人間の行動範囲をも物語っている。

第一章で書いたように、一三世紀、モンゴル帝国の第二代皇帝オゴデイ・カアンの時代、都が置かれたカラコルムから帝国の隅々までの通商と情報伝達を円滑にするため、駅伝制度「ジャムチ」が整備された。それは広大な帝国を存続させるのに不可欠なインフラであり、情報ハイウェイでもあった。

駅亭は、交易路の約三〇キロごとに設置され、旅人や使節に宿舎や食糧、そして馬を提供した。大至急の情報を託された騎乗者は、駅で馬を乗り換え、新しい馬で次の駅へ向かう。騎乗者を下ろした馬は、駅で水と草を与えられ、十分な休息をして体力を回復したあと、別の誰かに乗られて、また次の駅へ向かう。こうして、広大な帝国内を恐るべきスピードで情報を伝達することができた。このジャムチを利用した高速情報伝達網が、モンゴル帝国繁栄の基盤だったことは間違いない。

つまり、馬の名手であるモンゴル人は、馬が生存を脅かされずに疾走できる最長距離を約三〇キロと目算していたことになる。馬の行動範囲は、ラクダとは比べものにならないほど、狭いのだ。

この映画で私が最大の謎だと思ったのはロレンスとアリ一行がラクダであるのに対し、なぜハウェイタット族は馬だけでアカバへ向かったのか、だった。しかし地図を見て、ようやくその謎が解けた。彼らの根城であるワジ・ラムからオスマン軍がいるアカバまではおよそ四〇キロ。馬の疲労度を考えても、一泊すれば到達できる距離なのである。

『アラビアのロレンス』を見て、動物ばかりに気をとられるのは相当邪道だとは思うが、とにかくこの映画がラクダに対する関心を目覚めさせてくれたのだった。

To go, or not to go

旅程のはっきりしない旅行をしていると、魅力的な関心対象がある場合、「短時間でも見ることに意味がある。せっかくそこまで行ったなら、多少無理をしてでも行くべきだ」という選択肢と、「そのような場所には、ついでに行くべきではない。日を改め、心の準備ができてから満を持して行くべきだ」という選択肢の間で、常に揺らぐことになる。

だいたいがものぐさで楽をしたい性格なので、後者、つまり「心の準備ができたら行こう」を選択することが多い。特に旅の後半は疲れが蓄積する上、現地事情に慣れてきて感動の振れ幅が小さくなることもあり、後者の選択に傾きがちになる。

そうして諦めた場所の、なんと多いことか。昔、パリに二週間滞在し、ほぼ毎日前を通りながら、一度も入らなかったルーヴル美術館とオルセー美術館。スペインを二回訪れながら、まだ足を踏み入れたことのないマドリードやバルセロナ。もちろん、プラド美術館やガウディのサグラダ・ファミリアには行っていない。蔣介石が紫禁城から運び出した貴重な文化遺産の数々が保管された、台北の故宮博物院。こちらは一九八七年、三八年間続いた戒厳令が解かれる直前の台湾にひと月も滞在しながら、行かなかった。それは大きな心残りとなり、ようやくリベンジを果たしたのは最近のことだ。

自分もそれなりに歳を重ね、世界情勢がめまぐるしく変化する昨今、次の機会がいつ訪れるかわからないことは現実味をもって感じ始めている。原因は体調や生活の激変かもしれないし、テロや紛争かもしれない。いつでも行ける、と思っているうちに、ある日突然行けなくなることは本当に起こりうる。

砂漠は、諦めるには魅力がありすぎた。そしてようやく行くことに決めたのだった。

テトゥアン、シャウエンのラインから、モロッコとアルジェリアの国境に近いメルズーガへ行くには、フェズを経由するのが最適。ネットで探したフェズの旅行社にメールで依頼し、フェズ〜イフレン〜アズルー〜ミデルト〜ズィズ渓谷〜エルフードというルートでメルズーガ（シェビ大砂丘）へ向かい、同じルートでフェズまで戻る、二泊三日の旅程で車を依頼した。

ハイライトは、メルズーガでの砂漠キャンプだ。これはラクダに乗って砂漠の真ん中にあるキャンプ地まで移動し、そこのテントで一泊して、翌朝再びラクダに乗って戻るというもの。これをしたくて、フェズから車で片道約五〇〇キロの距離を移動する。ネット経由で適当に申しこんだため、詳しい旅程についてはよく知らなかったし、ただラクダに乗れさえすれば、それで十分だった。

想定外の状況

英語の話せる運転手兼ガイドがフェズのホテルまで迎えに来てくれ、トヨタの四輪駆動車で私たちはメルズーガへ向かった。

運転手のアリは、二六歳のベルベル人。褐色の肌に巻き毛の黒髪、背が高くてムキムキとしており、ベルベル人としては大柄なほうだと見受けられた。流暢ではないが、少なくとも運転手としてなら十分意思疎通ができる英語を話す。

再びフェズに戻ってくるまでの三日間は彼と過ごすわけだし、現地の人と話せる貴重な機会だと思い、なるべくフレンドリーな会話を心がけ、けっこう自分の身上を包み隠さず話してしまった。彼は「モロッコにはまともな仕事がないから、外国人と結婚してヨーロッパへ行きたい」とあけすけに言った。そういう目的もあってこの仕事に従事しているのだろう、とさらりと聞き流した。

ミデルトの町で昼食を食べ終わり、再び車に乗りこもうとした時だった。彼が突然、「君の名前は覚えにくいから、ファティマと呼んでいいか?」と言い出した。別にかまわないだろうと思って許したところ、彼は車に乗りこむなり、早速私をファティマ、ファティマと呼び始めた。そして次第に運転席から髪の毛やスカーフに手を伸ばしてくるようになった。どうやら脳内で勝手に、「ただいまファティマと旅行中!」というストーリー設定をしてしまったようだ。

まずい。非常にまずかった。

これまで世界各地を一人旅してきて、丸一日タクシーをチャーターして移動したことは何度かあったが、たいていの場合は年配の男性運転手だったため、こういう類いの経験をしたことがなかった。それが、見知らぬ異国の男性と長い時間を過ごすリスクを含んでいたことに、いまさら気づかされた。自分の脇の甘さを深く反省した。

下手すると、君の母親より年上なのだぞ。この年齢ならそういう対象にされることはないだろう、とたかをくくっていた。しかも質素な旅を旨とする自分としては珍しく、時間と安全を買うため、清水の舞台から飛び降りるつもりで車をチャーターしたというのに、それが裏目に出てしまった。

車内という密室では逃れる場所がない。しかし逆上させて怒らせるのも、今後の運転に影響しそうで怖い。やんわりと身体的接触を拒否しつつ、窓の外の風景を写真に撮るふりをして、当面なんとかやりすごすしかなかった。

車は、オート・アトラス山脈を越え、いよいよ風景が乾いていく、実はものすごい風景の中を走っている最中だった。パソコンをセーフモードで起動するように全神経を身の安全に集中させ、カメラを向けながらも車窓の風景を楽しむことはキッパリ諦めた。ズィズ渓谷の美しい風景や、乾いた大地に突然出現するタフィラルト地方のオアシスの緑も、ほとんど目に入らない。一刻も早くメルズーガに到着することを願い、それとなくスピードを上げてもらった。

一人旅、つらい。

思わず口から弱音が出た。

一人旅の孤独などはとうに慣れっこになり、どうということはない。しかしこういうリスクがあることを思うと、今後に影響が出そうで悔しかった。

救世主の登場

砂丘の目の前に建つメルズーガのホテルに到着したのは、日がちょうど落ちた頃だった。この時間に到着する客が多いらしく、ホテルのロビーは西洋人旅行者でごったがえしていた。私は車のトランクから荷物を出すと、明日の一〇時に迎えに来るようアリに頼み、そこで彼と別れてチェックインした。部屋に荷物を置くとすぐさま部屋から出、ホテルの目の前にある砂丘をうろうろ歩いて所在をくらました。

すでに冷たくなった砂の上に座ると、怒りがこみ上げてきた。よりによって念願の砂漠へ到着した時、このような精神状態でいることに対し、無性に腹が立った。しかしいまの自分に必要なのは、怒りを爆発させることでも悲嘆にくれることでもなく、安全を確保しながらこの旅を続けることだった。頭を冷やせ。対策を考えろ。ダウンを着こんで一時間ほど砂の上に横たわったら、砂が感情を吸収してくれたのか、ようやく頭を非常警戒モードから通常モードに戻すことができた。

ホテルに戻ると、ちょうどロビーに日本人のグループがいた。モロッコで日本人に会ったのは初めてだったので、反射的に思わず声をかけた。

彼らは、「u-full（ウフル）」という「旅をする音楽」をコンセプトに活動している男女二人組の音楽ユニットとその関係者で、砂漠でプロモーションビデオを撮影するためにメルズーガまでやって来たという。とにかく一人でいたくなかったので、迷惑だろうとは思いながらも、しばらく一緒にいてかまわないか、と率直に尋ねた。その時の私は、よほど憔悴しきっているように見えたのかもしれない。彼らは二つ返事で快諾してくれ、食事をする際も彼らのテーブルにつかせてくれた。

極度の緊張を強いられた一日の終わりに同胞と出くわしたものだから、緊張の糸が一気に緩み、体じゅうの細胞が溶けていくような虚脱感を覚えた。その時、どんな話をしたかはよく覚えていない。彼らの話についていくわけでもなく、ただ頭上を飛びかう言葉が自分にも理解できる言語であることが嬉しかった。彼らの存在に、私は守られていた。何も言わず、何も聞かず、ただ一緒にいさせてくれた彼らには、感謝しかない。

後日談だが、日本に帰国したあと、このバンドのボーカルであるユカさんが、私が日本でリュートを習っていた久野幹史（くのまさし）さんの友人だったことが判明し、びっくりしてメールをやりとりした。世界は驚くほど狭い。

砂漠のプールサイド

水着を着た西洋人でプールはごったがえしていた。ある者は飛びこみ、ある者はプールサイドで本を読み、ある者はスパを楽しむように、ただ水中に入って水との戯れを楽しんでいる。なんということはない風景だ。その背後に、広大な砂漠さえなければ。

私はメルズーガのホテルのプールサイドにいた。

砂漠を前に半裸姿で水遊びに興じる人々を眺めることを全然楽しんではいないのだが、私にはしばらくここにいる必要があった。アリとできるだけ離れていたいため、ホテルの内部という安全地帯にいて時間をつぶすしかなかった。

夕方にはラクダに乗ってキャンプ地へ移動する。それまで、もう少しの辛抱だ。

どう考えても、このホテルのキャパシティをはるかに超えた外国人の数である。

それもそのはず、モロッコ・ラリーという、モーター・レースが終了したばかりで、垂れ幕を片付けたりバイクをトラックにのせたりする人をホテル周辺でたくさん見かけた。

砂塵にまみれた日々を過ごしていたから、水の存在自体が嬉しくて仕方がないのだろう。その気持ちは理解できる。しかし私はここでプールに入ろうとは思わない。たとえ水着を持っていたとしても、入らなかっただろう。

ここへ来てまだ二日の自分にも、砂漠でいかに水が貴重かはわかる。このホテルに宿泊している以上プールを利用する権利があるとはいえ、そうはしたくない。現地の人々が――特に女性が――日常的にそれを楽しんでいるのなら、喜んでそうするが、そうでないなら、現地式に私は従いたい。

『アラビアのロレンス』を思い出す。オアシスにたどり着いたロレンス一行は、泉の畔で休息をとる。ラクダたちは首を伸ばして水を飲み、アラブ人たちは四つん這いになったラクダにもたれて休んだり、鞭にマントをかけて眠ったりしている。ロレンスはひとり、靴を脱いでくるぶしから下を水に浸し、木陰で本を読んでいる。

なんということはない場面だが、私はこのシーンが好きだった。

砂漠の中で突然目の前に大きな泉が出現したら、水に飛びこみたいという衝動が沸き上がるのは無理もないことだ。ちょうど、いま目の前で多くの人たちが水と戯れているように。ロレンスが望めば、泉で水浴びすることを周囲のアラブ人は許容したかもしれない。

しかし彼はそうしない。最大限控えめに、足の先を水に浸すのみだ。彼が現地の文化をリスペクトしている様子が、このシーンにさらりと描かれていた。

いよいよラクダと会う

大きな荷物をホテルに預け、身の回りの物だけを持って一六時にロビーへ行くと、二〇人ほどの旅行者が集合していた。おそらく手配した旅行会社ごとなのだろうが、そこでグループ分けが行われ、私は六人の西洋人と同じグループに組みこまれた。

アリとはここで、いったんおさらばだ。私がキャンプから戻ってくるまで、彼は自由行動となる。

私たちはバンに乗せられ、五分ほど走ったところで車から降ろされた。そこにはたくさんのヒトコブラクダが集結していた。どうやらそこが、大砂丘の内部へと向かう玄関口ということらしい。砂丘行き専用ラクダターミナル、といった趣だ。ラクダの集結した地点――「駐駝場」と呼びたい衝動にかられる――は、登山口ならぬ、入砂口のような場所なのだろう。

スペインで馬に乗ったが、乗ること自体が目的の、いわばレジャーでの乗馬だった。しかしこれから乗ろうとしているラクダは違う。私たちは、ラクダでしか行けない場所へ行くため、ラクダに乗る。移動のための乗駝なのだ。

我々七名を率いるのは、長い長いターバンを頭に巻いた、ハッサンというベルベル人の少年だ。一五－一六歳に見えるが、もっと年長かもしれない。ラクダに乗る前に、自分のストールをハッサンに差し出して頭に巻くジェスチャーをし、「これで可能？」と尋ねた。頭上でねじりながら巻き、さらに鼻から下をすべて覆って砂から守るベルベル式に巻いてもらいたかった。

それは東京から持ってきたインド製リネンのストールだった。砂漠へ行くつもりはない、といいながら、万一のことを考えて荷物に入れておいたものだ。可能かどうかを尋ねたのは、長さのことだ。ベルベル巻きには、幅は必要なく、長さが必要。ハッサンはそれを手にとると「できるよ」と一言言い、あっという間に巻いてくれた。それを見たグループ中の二人も、ベルベル巻きをしてもらった。いやが上にも気分が盛り上がる。

次にハッサンが私たちの乗るラクダを決めていく。七頭のラクダは顎を綱で順番につながれ、連なって歩く。ハッサンはラクダを選ぶというより、乗る人間の年齢や想定される体力をふまえながら、私たちが乗る順番を決めているようだ。先頭の二頭は少し年上の女性、そして一番後ろは、七人のうちで最も屈強そうな男性があてがわれた。体力が弱そうな人を前に、一番強そうな人を後ろにというのは、これまた登山のようで、理にかなっている。後ろから三番目の、ミルクティーみたいな毛色の子が私の乗るラクダになった。

ラクダは、想像していたより小さかった。まだ若いラクダなのかもしれない。それにしても、ラクダの愛らしさは罪深いほどだ。砂を避けるために上方と下方へ伸びた、バッチンバッチンのまつ毛。くりくりとした大きな黒目。哀しいわけでもないのに、目元にこびりついた涙の跡。そこだけまるで別の生き物のように、始終動いている口。まさにキャメル色の、なめらかな毛皮。目が離れているため、みんなお人よしに見える。

馬も相当かわいいと思うが、ラクダのかわいさはまた別格だ。

モロッコには時々、髪は真っ黒で褐色の肌をしているのに、瞳が真っ青な人がいる。そういう人を見かけるたび、長い時間をかけてこの地に様々な人が出入りした歴史に思いを馳せたものだが、一行のラクダの中にも一頭だけ、毛皮は見事なグレーで真っ青な瞳をした、ちょうどシベリアンハスキーのような配色のラクダがいた。ラクダにも人間と同様、様々な来歴があるのかもしれない。

担当のラクダが決められると、いよいよ騎乗だ。ラクダに乗る時は、猫の香箱座りのような体勢をした、四つん這いのラクダにまたがる。そしてハッサンが合図をすると、ラクダが立ち上がる。ラクダは後肢から立ち上がり、左後肢と右後肢を順番に伸ばすため、自分の体は前方の一方向に大きく傾き、次に横に傾くため、つんのめりそうになって思わず声が出る。この段階で落駝する人もいそうだ。続いて前肢が立ち上がることでようやく安定する。毛布を折り重ねてのせた鞍に、自転車のハンドルのようなホルダーがついており、手荷物はそこにくくりつけ、我々はそれを握ることで体勢を保持する。

なぜ四つん這い状態で乗るのか？　ラクダが馬より高いから、が理由かと思ったが、体感高度はサラブレッドとさほど変わらない。むしろ低いくらいだ。理由は、鐙（あぶみ）の有無だった。

起立状態の馬に自力で乗る場合、鐙に左足をかけ、そこに重心をかけて一気に右足を蹴り上げることでまたがる。しかしラクダには足をのせる鐙がない。鐙のないラクダには、起立状態では乗れないのだ。

出発の準備。ラクダの背に小さな鞍をのせ、その上に毛布を折り重ねて乗る。

ラクダは楽じゃない

全員が無事ラクダにまたがり、いよいよ出発である。

ハッサンは先頭のラクダの手綱を引きながら、歩いている。顎を綱で連結された七頭のラクダは、まっすぐ一列になって進む。後ろのラクダの顔が近づきすぎ、時々私の足に触れるのが、なんとも愛らしい。

前にも述べたようにラクダは、右前肢と右後肢、左前肢と左後肢がペアになって動く、いわゆる側対歩であるため、左右に大きく揺れる。慣れない人は「ラクダ酔い」になるといわれる通り、確かによく揺れる。ラクダは馬よりもさらに、動物に乗っている感が強い。

鐙がないため、両足は宙ぶらりんで、支えるものが何もない。これは不安定だ。前方のラクダに乗る人たちも同じように感じているらしく、揺られながら座りなおしたり体をよじったりと、体勢の維持に苦労していることがわかった。

私たちの乗るラクダは、ハッサンによって統率されており、走り出すことはない。しかし彼らは本来、速く走れる動物だ。鐙のないこの体勢でラクダに走られたら、どれほど不安定なことだろう。

ハンドルを摑んで後ろめに乗ると——それこそ自転車やバイクのように——、最初のうちは楽だが、後肢の揺れが腰を直撃し、体がズレやすい。この姿勢で長時間乗るのはつらそうだ。

一方、前めの位置に乗ると、ハンドルが支えとなって体はズレにくいが、腹筋と背筋で上体を支えなければならず、筋肉は疲労する。腹筋と背筋が強くなければできない乗り方だ。

ああだこうだといろんな位置を試してみた結果、私は前めに乗ることに決めた。ハンドルには手を添えるだけで、上体はまっすぐ上に伸ばし、足はだらりと下に下ろす。そして揺れは骨盤で吸収し、上体に伝えないようにする。それが結局は楽な姿勢だと気づいた。

多少、ニヤニヤする。ふだん馬に乗っているおかげで、ラクダによってもたらされる揺れに、いちいち動じずに済む。少なくとも、疲れずに済む位置はどこだろう、と考えるくらいの余裕がある。

ふだんの練習が、まさかラクダの騎乗に役立つとは思わなかった。すごく得した気分だった。

犬が吠えても隊商は進む

砂漠には、思いのほか多くのタイヤの跡が残っていた。終わったばかりのモーター・レースの跡のようだ。ラリーが終わったあとで本当によかった。レースの開催中だったら、これほど穏やかな気持ちでラクダに乗ることはできなかっただろう。

メルズーガの「駐駝場」には他のグループのラクダもたくさんいて、同じ時間に前後して出発した。ところが途中で三々五々別れていき、気づいたらうちの一行だけになっていた。

どうやらこの広大な砂漠のところどころにキャンプ地が点在しているらしく、グループごとに異なるキャンプ地へ向かっているようだ。それらのキャンプ同士は、おそらくさほど離れていないのだろうが、砂漠というのは想像以上にアップダウンがあるらしく、他のグループの姿はどこにも見えない。

砂を踏みしめる時、ラクダの蹄は音を立てない。踏みしめる際のメリッという振動がラクダを通して伝わってくるだけ。私たちは音のない世界を進んでいった。

最初のうちはデジカメで写真を撮ったり、首からさげたスマートフォンで動画を撮ったり、感想を言いあったりして興奮していた私たちも、無音の世界の迫力に気圧されるように、次第に何も言葉を発しなくなっていった。電子機器の発する「カシャリ」という音や、ちょっとしたつぶやきがびっくりするほど大きく聞こえ、大自然に対して大きな罪を犯しているような罪悪感にかられた。

見渡す限りの砂の世界に、ハッサンと七頭のラクダだけ。観光のための乗駝だとわかっていながら、「絶対にはぐれたくない」という緊張感と、「何かあったら助けあわなければ」という連帯感が芽生えてきた。

ラクダの足元には、傾きかけた太陽に照らされて長く伸びた私たちの影がぴったりと張りついていた。影とはわかっていても、旅の伴侶のように思えて心強い。影のラクダは、実物よりはるかに長い脚を持っていて、ちょっと目を離したら私たちをおきざりにして走り去ってしま

規律正しく駐駝するラクダたち。いろんな色の子がいる。

いそうに見えた。

私たちはメルズーガから一時間くらいの距離を進むだけだが、本物の隊商は何十日もかけて大砂原をゆく。連帯感や協調性がなければ、とても無事に目的地にはたどり着けない。

「犬が吠えても隊商は進む」

という諺がある。これはアラビア半島やトルコなどの遊牧民から生じたといわれる諺で、

「たとえ進行を阻むような力が働いたとしても、人生やなすべきことは続けなければならない」

という意味だとされる。

危険な状況が発生する。しかし隊商はなんとかそれを切り抜け、旅を続けなければならない。犠牲は最小限に抑えて。

再び『アラビアのロレンス』の場面を思い出す。

死のネフド砂漠を越える旅のなか、最後の一日となった時点でロレンスは、一頭のラクダが誰も乗せていないことに気づく。騎乗者を落としてしまったのだ。ラクダは騎乗者を落とそうが何があろうが、群れについて歩く。落駝した同志を助けに戻ると主張するロレンスに、「これは運命だ」と言って止めるハリト族のアリ。それは旅程の最終日で、ラクダが水なしで生きられる最後の日。ここで群れを止めたら、バタバタとラクダが死んでいく。ラクダの死は即ち、人間の死を意味する。落駝した一人の命と、その他全員の命、どちらを優先させるべきか。アリは進むことを選択し、ロレンスはひとり引き返す。

結局ロレンスは、落駝した人物を連れて無事帰還することができた。が、旅を成し遂げるため、時には非情な決断もしなければならないのが隊商という運命共同体なのだと、その場面が物語っていた。

誰かが落ちても、ラクダは歩みを止めない。

私が落ちても、ラクダは進んでいく。

何があってもハッサンについて行こう、と気を引き締めなおした。

ピースフルなひととき

砂の上に絨毯が敷かれ、テーブルが並び、松明（たいまつ）が灯されている。その広場を囲むようにして一五個くらいのテントが立っている。背後には急勾配の砂丘がそびえている。

そんな光景が、砂漠の真ん中に突然出現した。

私たちがキャンプ地に着いたのは、日がとっぷり暮れた頃だった。

テントには電気も水もあるが、夜になると供給が止まるため、ただちにシャワーを浴びるように言われた。シャワーを終えて砂上のテーブルに向かうと、一緒にラクダに乗った人たちが手招きしてくれた。

ラクダチームの他の六名は、ポルトガル人の夫妻が二組、オランダ人女性二人だった。平均年齢は、ざっと見た感じ、四〇代後半といったところ。

日本人である私からすれば、なんと絶妙な国籍分布だろうと思った。日本に銃とキリスト教を伝えたポルトガル。禁教令が出されたあと、キリスト教の布教をしないことを条件に、西欧の国としては唯一交易を許されたオランダ。否が応でも四〇〇年前に思いが飛ぶ。

ポルトガルから来た二組のうち、一組は夫妻ともに教師。もう一組は、夫はブラジリアン柔術のインストラクターで、妻はリスボン近郊で東南アジアの家具やグッズを扱うセレクトショップを営んでいる。オランダから来た女性二人組は、すでに退職し、二人でよく世界各地へ旅行に出かけるのだという。七月には互いの娘も合流して、エジプトへ行ってきたばかりだ。

彼らはみな、自国から車を運転して、フェリーでジブラルタル海峡を渡り、ここまで自由旅行をしてきた。この砂漠キャンプだけは絶対に体験したくて、メルズーガでツアーを申しこんだのだそうだ。

ヨーロッパ在住の人は、車でここまで来られるのか。ヨーロッパと北アフリカは、それほど精神的に近い場所なのか。

「ポルトガルに住んでいると、モロッコはすぐそこという感じなのよ」

モロッコに隣接するスペイン領のセウタは、もともとポルトガルが領有した街だし、日本でいえば本州からフェリーで北海道へ渡るくらいの感覚なのかもしれない。私はその距離感の近さに驚いたのだが、彼らからすれば、極東の国から、この歳で、しかも女性一人で、自力でここまで来たことのほうが驚きだったようで、根性を称えてくれた。昼食をとったレストランで出会ったドイツ人も、「よくもまあ、ここまで一人で！」と驚いていた。

彼らが驚くニュアンスは、日本からここまでの距離よりも、この歳の女性が一人旅、のほうだと感じた。二〇代の頃からずっとそれでやってきたので、自分では何の違和感もないのだが、私の長年の印象からすると、欧米の旅行者は意外と一人旅が少なく、同性、異性にかかわらずカップルが多い。「よほど人生がこんがらがって、リセットするために砂漠へ来た」という風に見られ、余計に気遣ってくれたのかもしれない。

「エジプトの現状はどうでしたか？　私もずっと行きたいと思いつつ、テロのことを思うとなんとなく先延ばしにしていて……」

「まったく問題なかった。女四人で行ったけれど、怖いことは一つもなかったし。お勧めするわ。ぜひナイル川下りを体験してほしい」

「うちの人、日本が大好きで、家でもよくキモノを着ているの」

「日本はサムライの国だからね！」

「日本はポルトガルから銃とキリスト教を伝えられたので、いまでもポルトガル語由来の言葉がたくさん残っていますよ。パンにカッパ、キリシタン、ジュバン、テンプラ、こんぺいとう、更紗、タバコ、かるた……」

「それでいまは僕が日本発祥の柔術を習っている！　これこそ国際交流だ」

一同からどっと笑いが起きる。

不思議だった。自然な親密さがテーブルに漂っていた。

ラクダに乗っていた時、私たちはまだ互いの素性を知らず、ほとんど会話をしなかった。実質、いま初めてコミュニケーションをとっているのに、次から次へと話題が生まれ、ほほえみが飛びかっていた。しかも酒は一滴も入っていない。

昔々、中国や東南アジアを旅行した際、旅先の安宿で多国籍の旅行者と交流したことを思い出す。時には友情が芽生えることもあったが、世界を放浪する若者は自己顕示欲が強くてほら吹きが多く、おのおのが自我を噴出させた結果、険悪な空気が流れることもあった。バックパッカー専用の安宿で、旅行者同士のケンカは日常茶飯事だった。それと比べたら、ラクダチームのなんとピースフルなことだろう。

全員が落ち着いた年齢だということはもちろんあるだろう。刺激よりも静寂を求めて砂漠までやって来た、という共通点もあるに違いない。

しかし一番の理由は、ラクダで一緒に旅をしたことだと思うのだ。

私たちは砂漠で、自分たちの存在がちっぽけであることを知った。犬が吠えても隊商は進む。ここで一人になったら、死につながることもおぼろげながらに理解した。同じ隊商を形成する連帯感のようなものが、いつしか私たちの間に芽生えているようだった。

「しかし日本はポルトガルを追い出してしまった。キリスト教の布教を嫌ったから。次に手を組んだのがオランダ。オランダは布教をしないと約束したから。国が閉じるなか、オランダから西洋医術を学びました」

「うちの国はいつもそう。商売最優先。宗教は問わない」

またどっと笑いが起きる。

「確かにそうね。ポルトガルからユダヤ人が追放された時、たくさんのユダヤ人がオランダに向かった。オランダは宗教を問わなかったから」

セレクトショップを営むポルトガル人の彼女がそうつぶやき、神妙な表情になった。そして語ってくれた。

「私の先祖は多分、ユダヤ人だと思う。キリスト教に改宗してポルトガルに残った、いわゆる新キリスト教徒ね。なんとなく、うちは他とは違う、とずっと思っていた。家に伝わる様々な習慣が、周囲と違うの。よく東洋人と間違えられるし、東南アジアの物ばかり集めてしまうし、東洋の柔術をやる人を夫に選んだし。昔、先祖が東洋貿易に関わっていたのかもしれない。日本にも行っていたかもしれない」

「ポルトガルから日本にやって来たイエズス会士には、新キリスト教徒が多かったんです。東洋貿易には新キリスト教徒が多かっただろうから、本当に日本へ来ていたかもしれませんよ」

そう言うと、彼女はほほえんで私にウィンクを返した。

夜の砂丘へ

隣のテーブルに若い東洋人カップルが遅れてやってきた。声をかけると、横須賀から来た新婚カップルだった。マラケシュからの到着が遅れ、やっとさきほど着いたのだという。

「結婚写真を砂漠で撮りたくて、来たんです」と、新婦のアヤカさんが言う。

夕食後はキャンプファイヤーを囲んで、太鼓を叩いたり踊ったりして過ごし、自由解散となった。キャンプの遊牧民ガイドが私たちに、「裏の砂丘に登って星を見る?」と誘ってくれた。うちのラクダチームは、疲れたと言ってテントに戻った。私も正直疲れていたし、もう砂丘に登る体力は残っていなかったため迷ったが、「明日、朝日を見に行くなら、練習したほうがいい」とガイドさんに言われ、アヤカさん夫妻と三人で登ることにした。「靴はダメ、サンダルもいらない」と言われ、靴はテントに残して裸足になった。

数歩登ったところで、「練習したほうがいい」の意味を痛感した。一歩砂に足を踏み入れる。ズルズル落ちていく。二歩登る。二歩落ちる。まったく登れない。

メルズーガのホテル周辺の砂漠では簡単に歩けたため、砂丘を甘く見ていた。いま思えばあれは、単なる砂地だった。砂がこれほど心もとないものだとは、想像もしていなかった。

私は思わず四つん這いになった。足を強く踏んばらないと、ずり落ちてしまう。ところが強く踏めば踏むほど、砂を刺激して足元が崩れやすくなる。強く踏みながら、砂が崩れる直前に足を離して、次の一歩を踏む。どうやらそんなテクニックが必要らしい。

ベルベル人のガイドさんは、いとも簡単に、ほいほいと登っていき、斜面に立って私たちが追いつくのを待つ。アヤカさんたちは、若いだけあって、なんとか二足歩行でガイドさんにくらいついている。彼らはすでに、何かコツを掴んだみたいだ。なんとか追いつくと、ガイドさんはまたほいほいと登っていく。足の裏に吸盤でもついているのか？　足の裏の掴む力が格段に強いのだろう。

ガイドさんは早々と砂丘の頂上に到達し、夜空を見つめている。頂上まであとほんの五メートルくらい。しかしどうしてもその距離が縮まらない。

「無理。私、ここに座る」と宣言してリタイヤすると、「ＯＫ、ＯＫ、無理しないで」と慰められた。

キャンプファイヤーの残り火がかすかにキャンプ地を照らしている。灯りは一つもない。しかし風景が見える。月の光で照らされているからだ。砂漠だと天体の存在が際立つ。

見渡す限りの砂漠に、満天の星。視界の中に山もなく、深い岩山もなく、木も泉もない。風景の中に目印となるようなものが一つもないなか、旅を続ける人々は、宙に浮かぶ星を頼りに自分の場所を測るしかなかっただろう。アラビア半島で天文学が発達したのも当然だろうと、腑に落ちた。

一緒に朝日を見よう

翌朝、昨晩のガイドさんがすべてのテントを回って起こしてくれ、私たちはまだ暗い中をテントからそぞろ出て、砂丘を登り始めた。

あらためて目の前にそびえる砂の丘を見つめる。昨晩は暗くてよくわからなかったが、これほどの傾斜があったとは知らなかった。これほど急勾配だと知っていたら、最初から諦めていたかもしれない。暗闇の中で練習させてくれたガイドさんの気配りに感謝した。

二回目だから少しは簡単になるかと思いきや、私の足腰はまだ全然砂を理解するに至っておらず、やはり四苦八苦する。

にわかに周囲が騒がしくなった。振り返ると、なんとアヤカさん夫妻が真っ白なウェディングドレスとタキシードという姿で、裸足で、しかも一眼レフカメラと三脚を携え、スタスタと砂丘を登っているのだ。私みたいに四つん這いではなく、本当にスタスタだ。すごい……彼らはすでに、砂丘を体で習得してしまったようだ。すると、柔術を教えるポルトガル人のだんなが「見ろ、あれが本物のサムライだ！」と叫び、砂にへばりついたラクダチームから口笛ヒューヒューの大喝采が起きた。彼らは、結婚写真を砂漠で撮りたくてここまで来た。私などとは気合の入り方が違う。

ラクダチームのオランダ人女性二人が、早くもギブアップした。砂丘の中腹の少し平らになったところに座りこみ、「私はもうダメ。気にしないで、先に行って」と言う。「あと少しですよ、がんばりましょう」と励ますが、「ここまで来られたら十分よ。私の分も楽しんで」と見送られる。

人を励ましている私も諦める寸前だった。砂丘は、上へ行けば行くほど傾斜がキツくなり、さらに登るのが困難になる。昨日もあとわずかな距離がどうしても登れなかった。頂上で見ようが、少し下で見ようが、同じ朝日。無理することはない。諦めて斜面に座ろうとした時だった。

すでに頂上まで登った、教師のほうのポルトガル人のだんなが滑り降りてきて、「あとほんの少しだ、がんばれ」と励ましてくれた。

「もう無理」

「みんなで一緒に朝日を見よう」

そして「手足を全部使って。手で砂を掘って、足はそこにのせるだけ」とアドバイスしながら、効率的な登り方のデモンストレーションを見せてくれた。さすがは先生、教え方がうまい。なんとか数歩登ると、また実技を見せてくれ、待っている。なんて優しいのだ。これもラクダの旅を共にした連帯感なのだろうか。何事もすぐ諦める自分も、ここまで見守られてはがんばるしかない。

やっとのことで頂上へ到達すると、ラクダチームの四人が「ようこそ頂上へ！」と拍手で迎えてくれた。涙がこぼれ落ちた。

アヤカさんと夫はすでに砂丘の頂上にいて、呼吸も整い、朝日に向かって立ち尽くしていた。この砂の上では、三脚で自撮りをするにも限界があるだろう。「結婚写真、私に撮らせて。一応、昔は写真で食ってたので」と申し出てカメラを受け取り、眼下に広がる砂漠をバックに二人の写真をバシャバシャ撮った。

頂上には私たち以外にも数名の若い旅行者がいて、砂丘の尾根を走ったり自撮りをしたり抱きあったり、思い思いに過ごしていた。アヤカさんたちは大人気だった。誰もが彼らを祝福したい気分だった。一緒に写真を撮る人。「自分のことのように嬉しいよ」と言って二人にハグする人。いい風景だった。彼らの人生の門出に立ち会えたことを、誰もが素直に喜んでいた。

眼下のキャンプ地の端っこに、私たちを乗せてくれたラクダが一列に連なっておとなしく座っているのが見えた。駐駝場だ。

私たちはもうすぐ、あのラクダに乗って町へ戻り、そのあとはそれぞれが別の道を進んでいく。幸福なひとときが、もう終わろうとしていた。

ここへ来るまでいろいろあったけれど、それらのことはすべて砂が吸収してくれたかのように、もうどうでもよく思えた。

ここまで来たからこそ、様々な人たちの優しさに触れることができた。

来てよかった。
心の底からそう思えた。

第四章
テロの吹き荒れたトルコ

文明の十字路

わかりづらいイメージ

時計の針をスペイン・モロッコの旅の九か月前に戻し、さらに三〇〇〇キロほど東に移動してみたい。

トルコへはずっと行きたいと思っていた。

トルコといえば、一九二二年まで六〇〇年あまり、オスマン帝国が存在したところ。空前規模の帝国をつくりながら、卓越した指導者が死去すると分裂を繰り返したモンゴル帝国と比べ、オスマン帝国は一つの王朝で生き永らえた時間が格段に長い。しかも紀元前、この地域には、馬と鉄器を駆使したヒッタイト王国があった。

しかしトルコは、「これぞトルコだ」という最大公約数のようなイメージを持ちづらい国だ。本を読んでもガイドブックを見ても、なかなか輪郭が摑めない。

政教分離をうたった世俗主義国家であるが、国民の大多数がムスリム。またモンゴルにも共通することだが、かつてのオスマン帝国と現在のトルコ共和国の国土には大きな隔たりがあり、オスマン帝国は最盛期の一六世紀、広大な領域を有していた。東はカスピ海沿岸のアゼルバイジャン。現在のトルコの大部分を占めるアナトリア。そしてその南のシリア、イラク。ギリシャにバルカン半島。アフリカ大陸ではエジプトの主要都市とチュニジア、アルジェリア、モロッコ。アラビア半島ではイエメン、ムスリムにとっての聖地であるメッカとメディーナ。三教徒の聖地、エルサレム。さらにハンガリー、ウクライナの一部に至るまで。多民族、多宗教帝国だった。

一四五三年にオスマン帝国が滅ぼすまで、ここにはローマ帝国の継承国家、ビザンツ帝国（東ローマ帝国）があった。イスタンブールの前身は、三三〇年にローマ皇帝コンスタンティヌス一世が、古いローマに代わってつくった新しい帝都、コンスタンティノープルである。

トルコで最も有名な世界遺産、アヤソフィアは、ビザンツ帝国の精神的支柱だった大聖堂で、しかもカトリックではなく、正教（オーソドックス・チャーチ）である。イスタンブールにはいまも、コンスタンティノープル総主教座があり、正教徒がごく少数しか存在しないトルコに正教の「全地総主教」がいるという、非常にいびつな状況となっている。

現在のトルコ共和国は、西と北西はギリシャとブルガリアに接し、古代ギリシャ、ローマ時代の遺跡にあふれている。黒海に接した北部は歴史的にロシアとの関わりが深く、地中海に面した地域はギリシャ色が濃い。アナトリアの東方はアルメニアやジョージア、イランと国境を接し、旧約聖書のノアの箱舟で知られるアララト山がある。アナトリアの南東部はシリア、イラクに接し、シリア内戦が始まってからは観光客の入りづらいエリアとなっている。そして「国家を持たない世界最大の民族」といわれるクルド人が、トルコ国内に約一五〇〇万人暮らす。

この、多様性という陳腐な言葉では到底言い表せない多重性こそ、東西様々な人や宗教や文化が行きかったトルコの特質だ。軸足をどこに置くか、関心対象をどの時代に置くかで、まったく見え方が変わってくる。人気の高い観光国ではあるものの、素人にはなかなかわかりづらい国である。

そもそも、私がトルコに関心を持ち始めたのは、とても遠回りなのだが、十字軍の存在が大きかった。

ローマ教皇ウルバヌス二世に煽動されたヨーロッパのキリスト教徒が、一〇九六年、聖地奪還を掲げて中東のイスラーム圏を蹂躙し、またたく間にエルサレム王国、エデッサ伯国、アンティオキア公国、トリポリ伯国といった十字軍国家を打ち立て、約二〇〇年にわたりこの地に居続けた。そもそも十字軍を引き寄せる原因を作ったのは、ビザンツ皇帝アレクシオス一世である。破竹の勢いで西進するルーム・セルジューク朝の圧力に脅威を感じ、同じキリスト教徒のよしみでローマに援軍を頼んでしまったのだ。

キリスト教とイスラームの対立。東と西の接触と衝突。受容と摩擦。宗教が内包する攻撃性。スペインのレコンキスタ（国土再征服運動）に関心を持った以上、十字軍にまで範囲が広がるのは、自然な流れだった。

十字軍の観点からすると、多くの遺跡が残るのはイスラエルやシリアで、トルコは本丸とはいえない。それでもアンティオキア公国とエデッサ伯国は現在のトルコ国内に含まれ、地中海沿いのボドルムやマルマリスには十字軍騎士団の建てた城がある。マルマリスは、エルサレム王国から撤退した聖ヨハネ騎士団（別名ホスピタラー）が根城とした、ギリシャのロードス島が目と鼻の先だ。

まずはトルコに行ってあの地域の空気に触れ、宗教のるつぼの複雑さを体感してみたい。そして、現地の馬にも乗ってみたい。そんな軽い気持ちでトルコ行きを考え始めたのは、二〇一六年初めのことだった。

嵐の二〇一六年

ところが二〇一六年、トルコではテロの嵐が吹き荒れた。原因はトルコが深く関わる隣国のシリア内戦と、シリアとイラクにまたがるレバント地域でカリフ国建国を宣言した過激組織、ＩＳ（イスラーム国）の台頭である。

一月と三月には、イスタンブールで外国人観光客を狙った自爆テロが発生。犯行声明は出なかったものの、トルコ政府はＩＳＩＬ（イラク・レバントのイスラーム国）の犯行と見なした。首都アンカラでは二月に軍車両を狙った爆弾テロが起き、二九名が死亡。こちらは「クルド労働者党（ＰＫＫ）」の関連組織「クルディスタン解放の鷹（ＴＡＫ）」が犯行声明を出した。

六月二八日にはイスタンブールのアタテュルク国際空港でテロが発生。自爆と銃撃戦で四七名が死亡した。自爆した実行犯の三人は、ロシア、ウズベキスタン、キルギス籍で、ＩＳが実効支配するシリア北部のラッカから入国したものと見られた。

その記憶も生々しく残る七月一五日、軍の一部反乱勢力によるクーデター未遂事件が起きた。地中海沿岸のマルマリスで休暇中だったエルドアン大統領は、滞在していたホテルを狙った爆破から間一髪で逃れ、スマートフォンを利用してＣＮＮトルコに出演、国民に連帯を呼びかけた。クーデター自体は失敗に終わったが、二九〇名以上が犠牲となった。

とてもじゃないが、観光目的でトルコへ行っている場合ではない。夏の訪問は諦めた。

それ以降も秋の渡航に望みをかけ、トルコ情勢を注視し続けた。八月にトルコ政府は「ユーフラテスの盾」作戦を開始、シリア内戦に直接介入した。目的はシリアの反体制派を援護して、ISの掃討のみならず、欧米諸国から支援を受けるクルド系勢力を弱体化させることだった。これにより、エルドアン政権とクルド系勢力の関係は極度に悪化。これで秋のトルコ行きも断念せざるを得なくなった。

なぜ二〇一六年にそれほどトルコへ行きたかったのだろう、と不思議でならない。戦場ジャーナリストでもないし、ただ自分の関心事のために、わざわざきな臭い時期に行く必要などなかった。

しかしそこで頭をよぎったのが、信じられないほどのスピードで激変をとげる世界に、なんとかついて行きたいという思いだった。

そもそもトルコ行きを考えなければ、シリア内戦やISの動向など追わなかった。しかし追ってしまった結果、この地域のあまりの複雑さを知り、さらに行きたくなるという、負のスパイラルにはまりこんだ。

秋に入ると、トルコ国内の状況は少し落ち着いたように見えた。これなら年末に行けるかもしれない。シリア最大の都市で、日本では石鹸の里として知られるアレッポの攻防戦を注視しながら、意を決してトルコ行き航空券を購入したのが、出発が二週間後に迫った一二月六日のことだった。

嵐の再開

チケットを買った翌日、二〇一二年から四年半にわたって戦闘の続いていたアレッポが、アサド政権軍にほぼ制圧されたというニュースが飛びこんできた。

嫌な予感がした。ＩＳのみならず、反体制派の諸武装組織の残党がアレッポから逃走し、難民に偽装してトルコ国内に流れてくるかもしれない。静かだった秋は嵐の前触れで、これから報復テロが活発化するのではないだろうか。

嫌な予感は三日後に当たった。一二月一〇日、イスタンブールのタクシム広場の近く、サッカーチーム、ベシクタシュのホームスタジアム「ボーダフォン・アリーナ」付近で自動車爆弾テロが起き、四〇名以上の犠牲者が出たのだ。犯行声明を出したのは「クルディスタン解放の鷹（ＴＡＫ）」である。ＴＡＫは一七日にもカッパドキア近郊のカイセリで、兵士を乗せたバスを狙ったテロを行い、一四名を殺害した。カイセリは八日後の宿をとった街だったので、胃が痛くなった。

翌一八日、テロはヨルダンに飛び火し、一二世紀に十字軍が建てた、死海畔のアル＝カラクのカラク城が舞台となった。ＩＳＩＬの四人が警察に追われてカラク城に逃げこみ籠城、その銃撃戦でカナダ人観光客を含む一〇名が犠牲になったのだ（犯人四人もその場で射殺された）。カラク城はいつか行こうと思っていた場所で、これから十字軍の足跡を訪ねようとする私には、このテロが心理的に最もこたえた。

一九日、テロはさらに遠くのベルリンへ飛び火した。人でにぎわう旧西ベルリンのクリスマス・マーケットに大型トラックがつっこみ、一二名が死亡。IS支持者と見られるチュニジア人の犯行だった。ニュース映像を見て私は言葉を失った。そこは第二次世界大戦でてっぺんを吹き飛ばされたままの形でいまも建つカイザー・ヴィルヘルム記念教会前広場。ベルリンの壁がまだ存在した時代に何度も訪れたことがある、思い出の場所だった。ここのクリスマス・マーケットに行くと、グリューワイン（ハーブを混ぜた赤ワインを煮詰めたもの）とマッシュルームの丸焼きを楽しんだものだ。

現代のテロは、SNSを通じて瞬時に世界に拡散され、思わぬ場所へ飛び火する。キリスト教徒が重視するクリスマスと大晦日は特に気をつけなければならない。トルコで不測の事態が起きた場合は、復路のチケットは捨て、地中海を渡ってロードス島に逃げよう。聖ヨハネ騎士団がそうしたように。念のため、ギリシャから日本に帰国する便を調べ始めた。

日付が変わって出発日の一二月二〇日になった。まだ荷造りも終わっていないが、トルコ情勢から目を離すわけにはいかない。ツイッター（現X）を眺めていたら、ギャラリーのような場所でスピーチをする恰幅のよい白人男性が床に崩れ落ちる映像が流れてきた。黒服を着た青年が銃をかまえ、何かを叫んでいる。ロシアのアンドレイ・カルロフ駐トルコ大使が、アンカラの写真展会場で非番の機動隊員に射殺された様子が、ライブ映像で流れてしまったのだった。

狙撃者はその場で射殺されたが、「アレッポを忘れるな！」と叫んだという。ロシアは二〇一五年秋からシリア内戦に介入し、アサド政権を支援してきた。この犯行は、ロシア軍によるアレッポの反体制派攻撃に憤って及んだものと考えられた。

出発前の通過儀礼としては、この映像はいささか強烈すぎた。あまりにも立て続けにいろいろなことが起き、現実感が失われ始めていた。

本当に今日、自分はトルコへ行くのか？　トルコに対する思い入れを試されているようだった。

早く行ってしまいたい。周縁には暴風雨を巻き起こす台風でも、その目の中に入ると風がぴたりとやむといわれる。遠いところから、情報ばかりを見ているから怖いのだ。中に入ってしまえば、きっと情報の渦から切り離され、恐怖も半減するに違いない。

この判断が正しいのかどうかはわからないが、とにかく行ってしまおう。

そして私は予定通り、イスタンブールに向かったのだった。

コンスタンティノープルの陥落

二〇一六年一二月二〇日。イスタンブールのアタテュルク国際空港に到着すると、まずはホテルに荷物を置き、あたふたとホテルを出て、ある場所へ向かった。

「閉館まで、あと一時間しかない。展示はいいから、とにかくパノラマを見てくださ い！」

受付で職員にそう勧められ、とるものもとりあえず奥へ急いだ。人けのない展示室を駆け抜けて階段を上っていくと、博物館にはそぐわない、何やら心がざわつく音が上の方から聞こえてくる。その音に引かれるように、上へ上へ。螺旋階段で建物の最上部へたどり着いたら、そこは三六〇度に壁画が描かれた、プラネタリウムのようなドーム型の空間だった。

私はあんぐりと口を開けたまま、体をぐるぐる回転させ、壁画に見入った。

ここはイスタンブールの街外れにある「１４５３歴史パノラマ博物館」である。

イスタンブールは、かつてのビザンツ帝国の帝都、コンスタンティノープル。ヨーロッパと小アジアの狭間に位置し、最盛期にはバルカン半島から北アフリカにわたる広範囲を占めていたビザンツ帝国だが、アナトリア方面からセルジューク朝、次に続くオスマン朝の勢いに押されて次々と失地し、一五世紀に入ると、その領土はほぼコンスタンティノープル界隈に限られていた。

落日の日々を送るコンスタンティノープルはいわば、オスマン帝国の海にぽつりと浮かぶ、堅牢な城壁に囲まれた都市だった。四方を壁に囲まれ、東ドイツの中に浮かんでいた西ベルリンのようだ（ただしこちらの場合壁を建造したのは、取り囲む側の東ドイツだった）。あるいは、壁には囲まれていないものの、周囲を中国に囲まれた香港のようである。

描かれたテオドシウスの城壁。戦場にいるかのような臨場感。

1453といえば、オスマン軍の攻撃によってコンスタンティノープルが陥落し、一〇〇〇年以上存続したビザンツ帝国が滅亡した年。このパノラマ博物館は、一四五三年五月二九日のオスマン軍によるコンスタンティノープル包囲を疑似体験できる、体験型博物館なのだった。

私の目の前には、コンスタンティノープルを外敵から守ってきたテオドシウスの城壁が黒煙を上げる様子が描かれていた。この城壁は、七世紀のサーサーン朝ペルシャの攻撃も、七－八世紀にかけて続いたアラブ軍による兵糧攻めもはねのけた。一二〇四年、同じキリストを信仰する十字軍に攻められた際に帝都を守りきれなかったのは皮肉と言うほかないが。

背後の壁には、無数のオスマン帝国の軍勢が待ち構えている。攻撃側のオスマン軍は約一〇万人、一方、防衛側のビザンツの戦闘員は約七〇〇〇人という、非対称な戦いだった。

私の足元にはレプリカの大砲と砲弾が置かれてあり、絵に描かれた兵士たちが砲弾を大砲に詰める作業をしている。コンスタンティノープル攻撃に絶大な威力を発揮したのは、ハンガリー人技師ウルバンが、オスマンの若きスルタン（皇帝）、メフメト二世に売りこんだ巨大砲だ。が、さすがにこちらはレプリカを飾るには大きすぎたと見え、壁画に描かれているのみだ。

ウルバンは当初、ビザンツ宮廷に大砲の製造技術を売りこんだが、資金不足を理由に、胡散臭いものを見るような目つきで門前払いされ、次にメフメト二世に売りこんだところ、即決で採用された、といわれる。落日近き帝国の目利きの悪さと、破竹の勢いで拡大を続ける、新興帝国の柔軟性を象徴するようなエピソードだ。

負傷した兵士を乗せた大八車。巨大砲の筒に弾を詰める者、火をつける者。大砲が発せられる時の轟音に備えるため、耳を覆う兵士。城壁によじ登る兵士。巨大砲の威力で破られたばかりの城壁の隙間から、中に入ろうとする騎兵。城壁の上から落ちる兵士。壁画は遠近法を駆使して実に巧みに描かれており、本当に自分が城壁と軍勢に囲まれているような錯覚に陥った。

ギリシャの火

真冬の夕方ということもあって、訪問客はほとんどいない。戦意高揚のためにオスマン軍が奏でた軍楽「メフテル」が大音量で鳴り響き、その打楽器を多用した煽情的な曲調に、こちらの鼓動まで速くなる。ヒュルヒュルという音が聞こえ、何かが足元で炸裂する。その火は壁画中のオスマン軍勢に命中し、人と馬が燃え上がっている。

これはもしや、「ギリシャの火」ではないのか?

それは「燃える水」「液体の炎」などと呼ばれた、ビザンツ帝国秘伝の武器だ。製法が国家機密とされたことから、いまでも詳しいことはわかっていないが、生石灰や松脂(まつやに)、精製油、硫黄などの混合物だったらしい。筒から発射されると火を噴きながら飛ぶという、火炎放射器の先祖のような恐ろしい武器だった。「ギリシャの火」は、コンスタンティノープルが七世紀にアラブ軍に包囲された時に初めて使われ、以来、数多くの危機からこの街を救った。しかしそれも、ウルバンの巨大砲の前では歯が立たなかった。

四方から湧き起こる、馬のいななき。その臨場感に思わず振り返ると、東アジアの出自を感じさせる、東洋風の顔をしてヒョウの毛皮をまとった勇猛果敢な突撃隊がいまにも壁画から飛び出し、背後から迫ってくるように見えた。こうして壁画を眺めるだけでも、オスマン帝国が多様な出自を持つ人間を抱えた、多民族帝国だったことがわかる。

はるか後方には、メフテルを奏でる楽団や、野営用のテント、待機中の無数の騎兵たちが描かれ、さらにその後方には金角湾に浮かぶオスマン艦隊が見える。コンスタンティノープルを陸海両方向から挟み撃ちにするため、テコとコロを駆使して船を陸に上げて山越えし、ガラタ地区の後方から金角湾に船を下ろすという奇策をメフメト二世が編み出したのは有名な話だ。

のちに「征服王」と呼ばれる、弱冠二一歳のスルタン、メフメト二世は、何の説明がなくとも、壁画の中ですぐに見つけられた。大樹のそばで、白馬にまたがり、城壁を指さす容姿端麗な色白の人物こそ征服王だ。アッラーに祈りを捧げるウラマー（イスラーム知識人）や、スルタンの親衛隊であるイェニチェリに囲まれ、メフメト二世のみに太陽の光が差しこみ、スポットライトが当たっている。その視線の先には、ウルバンの作った巨大砲の砲弾を受けて破損し、黒煙を上げるテオドシウスの城壁がそびえている。城壁の上では、ちょうど双頭の鷲が描かれたビザンツ帝国国旗が引きずりおろされ、赤地に黄色い月のオスマンの旗が掲げられたところだ。

国威発揚のために建てられた感じは満載だが、それを差し引いても興味深い体験だった。

テオドシウスの城壁とベルリンの壁

ここへ来たのは、深い考えがあったわけではなかった。イスタンブールもトルコも、訪れたのは今回が初めてで、第一、まだ土地鑑がない。イスタンブールには昼過ぎに到着したものの、翌朝の飛行機でトルコとアルメニアの国境に近いカルスへ向かうため、空港からあまり離れたくなかった。そのため宿を、空港から地下鉄一本で行けるテオドシウスの城壁近辺に取った。そして、ホテルからトラムでたったひと駅のここへ来ただけだった。

テロの心理的影響もあった。最近トルコで起きたテロの多くは、外国人観光客が集結する場所で起きている。そういう場所には、まだ近寄りたくなかった。イスラームのオスマンがキリスト教のビザンツを滅ぼしたことを記念する博物館は、十字軍的観点からすれば安全だろう、という計算もあった。

閉館時間になって博物館の外に出た。来た時は急いでいたので気づかなかったが、博物館はトプカプ（大砲）という名の公園の中にあり、公園の端に本物のテオドシウスの城壁がひっそりと建っていた。付近にはまったく人がおらず、亡霊が出そうな不気味さを醸し出している。

これには驚いた。ビザンツ帝国が滅亡してすでに五世紀以上がたち、城壁はすでに存在しないものだと思いこんでいた。しかし国は消滅したが、城壁はいまもそのまま残っているのだ。ベルリンの壁など、一部の観光保存用を除き、ほんの一年でほぼ消え去ってしまったというのに。

いまは城壁の内と外を道路が貫通していて、トラムも通っている。人々は何の気なしに通勤や通学でこの道路を通り、トラムに乗って行き来しているが、それは実は、かつてのビザンツ帝国とオスマン帝国の間の行き来なのである。

メフメト二世は、白馬にまたがり、聖ロマノス門からコンスタンティノープルに入城したといわれる。聖ロマノス門は、征服後はトプカプという地名に変えられた。遊歩道のベンチに腰かけてイスタンブール関連の本をふむふむと読み進め、はたと止まる。

え……ということは、まさにここが戦場ではないか。

あのパノラマ博物館は、単に戦場を疑似体験するだけでなく、本当にオスマン軍が城壁に向かって攻撃をしかけた場所に建っていたのだ。いま自分がいる場所あたりから、メフメト二世は白馬にまたがってコンスタンティノープルに入った。ヒョウの毛皮をまとった遊牧騎馬民族たちはここを疾駆していた。

人けのない公園が、脳内で一瞬のうちに戦場に変わった。

世界で最も美しい建造物の一つといわれるアヤソフィアや、ガラタ塔やスルタンアフメット地区のグランドバザールを訪れる前にここへ来たことは、私のイスタンブール観に大きな影響を与えた。騎馬隊の足元から巻きあがる土埃や火薬の匂いがたちこめる戦場のイメージが、イスタンブールの原風景になってしまったのだった。

雪の舞う辺境へ

本丸より端っこ

その地域の本丸へ行く前に端っこへ行く、ということを私は割とよくする。最初から狙ったわけではなく、単純に近いところから攻めているうちに、そうなっただけだったが。

たとえば、イギリスへ行く前に植民地である香港へ行ってしまい、モッズやパンクを生み出した大英帝国の裏の顔を知った。大航海時代に栄華を極めたスペインやポルトガルへ行く前に、マカオの聖パウロ天主堂跡へ行き、栄光の成れの果てを見てしまった。マドリードやバルセロナへ行く前に、北端のバスクやイベリア半島最南端のアンダルシアへ行った。

辺境では、その地域の突出した部分が抽出されたり、異文化や異民族との接触によって、中心部とは異なった風景や文化が繰り広げられたりする。その地域のサイズや歴史の複雑さを知るには、中心より辺境から入ったほうがわかりやすいことがある。そう知ってからは、割と積極的にその国の端っこへ行くようになった。

先述のように、トルコのアナトリア東部は、ジョージア、アルメニア、イランと、南東部はシリア、イラクと国境を接している。十字軍国家のアンティオキア公国があったアンタクヤ、そしてエデッサ伯国があったシャンルウルファは、いずれもシリア国境に近く、日本の外務省が渡航の中止や退避を求める勧告を発出しているため、観光客としては近づけない。

イスタンブールから飛行機で行ける辺境で、周辺に見たいものがあり、危険レベルがそう高くないところを選んでいったら、自然と、アルメニア国境に近いカルスが残った。周辺にある見たいものというのは、かつてアルメニアの首都として栄えたアニ遺跡と、旧約聖書の「ノアの箱舟」のエピソードであまりにも有名なアララト山だ。

どちらかというとそんな消極的理由から、カルスへ向かったのだった。

カルス空港で荷物を受け取って外に出る。一面、雪。ガイドブックには、飛行機の発着に合わせてトルコ航空が市内と空港をつなぐバスを運行している、と書かれていたが、そんなバスはどこにも見当たらない。タクシーも、見事に一台もない。

「アルダハン」という行き先の書かれた長距離バスが数台停まっていて、空港から吐き出された客のほとんどはそのバスに乗りこんで立ち去ってしまい、五、六人だけが取り残された。彼らはみなスキー板を持っていて、イスタンブールからスキー目的で来たグループだった。カルスは大都市の住民がスキーをしに来るところなのだ。街までの足がない彼らも唖然としている。

「あなたはどちらへ？」と声をかけられた。

「カルスの街まで。トルコ航空のバスがあると聞いたんですが」

「見ての通り、バスもタクシーもない。僕たちは航空会社に見捨てられましたよ」

結局、彼らが電話をかけてタクシーを二台呼び、親切にも街まで一緒に乗せてくれた。料金を払おうとするが、「わざわざトルコまで来てくれた外国人に払わせるわけにはいかない」と固辞され、ホテルまで送ってくれた。優しい。

カルス城砦

中心部から遠いという理由でここまで来てしまったが、ここで何をすればいいの？　と早速途方に暮れた。

一九八〇年代に旅の基本ができてしまった古い人間なので、世界のどこへ行ってもまずは路上で店を広げる新聞スタンドへ行き、その街の簡単な地図を手に入れるということを、三〇年近く続けてきた。紙に印刷された地図がないと、どうにも地理感覚が摑めないからだ。

そしてできればその街に関する本や写真集を買い、情報を仕入れる。現地で見知った情報をもとに、訪れる場所を決めていく。

ところが昨今はスマートフォンの普及で新聞スタンドが激減し、たとえあったとしても紙の地図が売られていない。現地発行の地図がないと、その地域の簡単な歴史や見どころもわからないので、不本意ながらスマホで情報収集もしなければならない。旅の仕方が激変しつつあった。

とりあえずホテルのフロントで付近の見どころを尋ねると、街外れの高いところにカルス城砦があると知らされた。

「ホテルの裏方向を、上のほうを向いて歩けば、そのうち見えてきますよ」

まずはそこへ行ってみることにした。

雪はやんだが、その分、街路がツルツルに凍っていて、踏みしめて歩くことができない。二、三歩歩いては軽く滑り、建物の壁に手をついてしまう。こちらの人は器用に歩いている。効率的な足の筋肉の使い方を熟知しているようだ。

カルスは、一八七七–七八年の露土戦争でオスマン帝国がロシアに敗北し、それから四〇年ほどロシアに占領された。街には帝政ロシア時代の絢爛豪華な建造物が並び、それが雪によく映えている。

足元に注意しながら、上のほうを向いて歩き続けると、言われた通り、雪に覆われた城砦が見えてきた。かなり高いところに位置した、街を一望のもとに見渡せる、まさに街を守護する砦だ。ツルツルに凍った路面を歩いて、あのてっぺんまで登るのはかなり骨が折れそうだ。

城砦への道が始まるところに、キュンベット・ジャーミィというモスクがあった。方形に円錐形の屋根がついた、華美さはないが、たたずまいそのものが美しい建造物である。同じような建物を、アニ遺跡の写真で見たことがある。もとは教会ではないだろうか？

予想通り、もとはアラケロツ（十二使徒）教会というアルメニア教会だった。アルメニア王国が最も繁栄したバグラトゥニ朝（八八五－一〇四五）の一時期、カルスはアルメニアの首都だった。これはその時代に建てられた教会だという。その後、ジャーミィ（集団礼拝に使われる大モスク）になり、ロシア時代にはロシア正教会として使われ、トルコ領となったあとは長年博物館として使われたが、一九九四年に再びジャーミィとなった。

いよいよ石段を上ろうとするところに案内板があった。この城砦が建てられたのは一一五三年、ルーム・セルジューク朝の時代。その後、オスマン皇帝ムラト三世時代の一五七九年に改築された、と書かれていた。

ルーム・セルジュークは、中央アジアの草原から西進してペルシャを征服したイスラーム王朝、セルジューク朝（一〇三八－一一九四）の地方政権で、一一世紀後半に誕生した。ルーム、つまり「ローマの」セルジュークと呼ばれたテュルク系遊牧騎馬民族である。それまで、いまのトルコの大半を占めるアナトリア一帯は、ローマ帝国を継承したビザンツ帝国の領域で、住民の多くはギリシャ語話者の正教徒。その頃、トルコはまだ、テュルク人の地ではなかったのである。そこへ、テュルク系のセルジューク朝が侵入し、ヴァン湖近くのマラズギルト（西欧ではマンジケルトの名で知られる）でビザンツ帝国と激突したのが一〇七一年。ビザンツ帝国はこの戦いに敗北し、アナトリアのテュルク化が一気に進むことになった。

その破竹の勢いに、ビザンツ帝国は恐れをなした。そして前にも述べたがキリスト教徒の地を守るという名分のもと、西ヨーロッパから呼び寄せてしまったのが、第一回十字軍である。辺境は辺境であるが故に、中心地より早く変化が訪れ、脅威に晒される。雪の積もった石段の手すりにもたれかかり、カルスの歴史をネットであれこれ検索した。

「一二四二年、カルスはモンゴルに征服された」

モンゴル軍がここまで来たのか……馬に乗って！　突如、頭の中で「モンゴル」の文字が駆けめぐり始めた。

そうと知ったら、凍った石段を上る気力が萎えかけていたことも忘れ、足に力がみなぎってきた。ところどころでデートをしているカップルが、怒濤の勢いで石段を上ってくる私の姿にびっくりして、端によけてくれる。

砦から下を見渡すと、アルメニアの方向へ向かい、雪に覆われた山々が続いていた。この向こうから、モンゴルの騎馬軍団が姿を現したのだ。どれほどの恐怖だったろう。

へんな言い方だが、私は感動していた。

またたく間に世界を席捲し、空前の帝国を築いたモンゴル。そのこと自体はよく知られているが、どこまで到達し、どれほどの衝撃を世界に与えたのかを、点ではなく面で想像するのはなかなか難しい。

もともと私は、モンゴル軍が到達した限界点を、世界の様々な場所でたどってみたい、というかすかな考えを持っていた。トルコへ来る前にも、そんな考えが一瞬頭をよぎった。

ところが、ロシアやポーランド、ハンガリーなど、「タタールのくびき」にこっぴどくやられた地域では、ガイドブックでも盛んにモンゴルが言及されるのに対し、トルコ関連の書籍では、モンゴルに関する言及があまりない。少なくともトルコに関していえば、モンゴルの存在があまり感じられない印象を抱いた。モンゴル高原をルーツとする遊牧騎馬民族の末裔としてモンゴルにライバル心があり、モンゴルに屈したことはあまり強調したくないのだろうか。あるいは、自身も先住のギリシャ系住民を追い出した遊牧騎馬民族であり、とにかく様々な出自の人たちが行きかった土地なので、特にモンゴルだけを強く記憶するわけではないのかもしれない。加えて出発前にトルコ国内でテロが頻発したことに気をとられ、モンゴルの存在が私の頭からすっかり消えていた。

モンゴル軍はさらに西へ進み、アナトリア北東部のキョセ・ダーでルーム・セルジューク朝に圧勝し、一二四三年に属国化した。

地続きというのは、すさまじい。馬にまたがり、どこまででも行ってしまう。

現代を生きる自分にとって馬は、ただ愛しい動物だが、この時代の馬は、高速移動を可能にする兵器なのだと実感する。

この人けのない雪に覆われた砦で、モンゴルの破壊力を思い知ろうとは予想もしなかった。

雪原に響きわたるアザーン

日が傾く前に、人けのない砦から街に下りたい。雪の降り積もった石段を、文字通り転げ落ちるようにして駆け下り、街へ急いだ。

カルスは不思議で、首都アンカラから通じる鉄道の大きな駅があり、街のサイズもそこそこ大きいのに、とにかく人が少ない。街の規模と居住人口が合っていない感じだ。さらに、広大な空き地がポコポコある。以前何かがあったが、なんらかの理由で撤去され、再開発されずにそのまま放置されているように見受けられた。

カルス駅と、ホテルや商店が建ち並ぶ街の中心部、ファーイクベイ通り沿いに、不安になるほど広大な空き地があった。太陽はちょうど姿を隠すところで、ピンクと青が混じっているのに、けっして紫色には染まらない空から雪が降ってきて、空き地にしんしんと積もっている。

ホテルを出てからずっと外にいたため、さすがに体が冷えてきて手足の動きが硬く、両肩から金属バットがぶら下がっているように感じられる。交差点に設けられた温度計を見たら、マイナス一八度を示していた。

この寒さと静けさと人もまばらなスカスカした感じに、東ベルリンやポーランド、旧ソ連の極東地域を思い出す。

すると空き地の向こうから大音量で、礼拝への参加を呼びかけるアザーンが流れてきた。視覚は東ヨーロッパを感知し、聴覚がイスラーム圏であることを呼び起こす。その音のする方へ自然と足は向いていった。

空き地の端に、二本のミナレット（尖塔）を備えた、長方形の重厚な建造物が見えた。近づいていけばいくほど、その建物の放出する異国情緒が際立っている。

スマホの地図アプリで確認すると、「Fethiye Camii フェティィエ・ジャーミィ」と記されていた。直訳すれば「征服モスク」といったところか。

正面の扉の近くに、案内板が掲げられていた。

「フェティィエ・ジャーミィはもともとロシア正教の聖堂で、ロシア正教の聖人、アレクサンドル・ネフスキーに奉じられていた」

やはりこれも教会だった。しかし先ほどのキュンベット・ジャーミィとなった十二使徒教会が、コプト正教会と同じ非カルケドン派のアルメニア教会だったのに対し、こちらはロシア正教の聖堂だ。建造されたのは、露土戦争にオスマン帝国が敗北し、カルスがロシアに占領された時代である。

この聖堂は主に、カルスに駐留したコサック兵のための聖堂だったという。トルコ共和国の建国後、しばらくは屋内スポーツ場として使われていたが、一九八五年からモスクとして使われるようになった。建物には元来、ロシアでよく見られる、玉ねぎのような形をした鐘楼が二つついていたが、撤去され、代わりに二本のミナレットが建造されたのだという。

ふーっと溜息をつく。

時代によって支配者と国境がめまぐるしく変わり、宗教が入れ替わり、人が入れ替わる。カルスではその変遷が、建造物に見事に可視化されていた。

帝国と帝国の狭間は、苛酷な場所だった。

カルロフ大使の追悼式典

ほとんど誰も泊まっていないと思っていたのに、朝、ホテル一階の食堂に下りると、意外にもテーブルはほぼ埋まっていた。冬休みにスキーをしに来たと思わしき一家族以外はみな一人客だった。出張なのかもしれない。

朝食はシンプルなビュッフェ形式で、カルス名物のチーズとはちみつがふんだんに並べられていて頬がゆるむ。プレートにたんまりチーズをのせてテーブルに戻ると、食堂が静まりかえり、客たちがテレビに釘づけになっていることに気づいた。

日本をたつ前日の二〇一六年一二月一九日、アンカラでロシアのアンドレイ・カルロフ大使がトルコの非番の機動隊員に射殺された。カルロフ大使の遺体は翌日、アンカラの空港で行われた追悼式典のあとモスクワへ空路で運ばれた。そして二二日にはモスクワで追悼式典が行われ、プーチン大統領が出席した。トルコのエルドアン大統領は、現場で射殺された容疑者が、同年七月のクーデターを主謀した疑いがかけられているアメリカ在住のイスラーム指導者ギュレン師の組織に所属していたとの見解を示し、ギュレン派粛清の必要性を訴えた。

カルロフ大使の追悼式典や、銃口を向けて「アッラー・アクバル（神は偉大なり）！」と叫ぶ容疑者の映像がモニターに流れ、誰もが不安そうな表情で見つめていた。

様々な民族や集団が行きかったトルコ北東の辺境までやって来て、現在の世界情勢を忘れかけていたところ、テロの嵐が吹き荒れるトルコの現実にいきなり引き戻された。しかもここは、かつて四〇年ほどロシアに占領されていた街だ。辺境がめぐりめぐって世界の中心になってしまったような、奇妙な感覚に陥った。

アニ遺跡

ロビーで運転手さんを待った。昨日はタクシーを一日借りてアララト山を見に行ったが、今日は半日借りて、アルメニアとの国境に近いアニ遺跡を見に行く。カルスからアニまでは四五キロ。たいした距離ではないが、公共交通機関がないので、自力で行かなければならない。運転手さんが現れた。握手をしようとして、一瞬ひるむ。あまりに似ていたのだ、かつて世界中の話題の中心にいた、あの人物に。しどろもどろになっていると、先方が先に口を開いた。

「似ているんでしょ、サダム・フセインに。よく聞かれますよ、先祖はアラブ人か？　って。

トルコ人なんですけどね」

アニには小一時間ほどで着いた。堅牢な城壁にライオン・ゲートという門があり、そこから中に入る。運転手さんは、「近くの村でお茶をしてくるから、三時間後に迎えに来る」と言って立ち去ってしまった。近くの村？　周囲には何もないのだけれど。

受付窓口には誰もいない。入場料を払わなくてはいけないのだが、席を外しているというより、本当に誰もいないようだ。あとで払うことにしようと思い、中に入る。現地でリーフレットをもらったり、アニのガイドブックを買ったりしようという甘い考えは、早くも吹き飛んだ。チラシの一枚もない。とにかく自力で見学するしかない。

ここは、今年（二〇一六年）世界遺産になったはず。それにしては荒廃しているというか、放置されすぎである。

アニの考古遺跡は、現在のトルコとアルメニアの国境の、渓谷と川に挟まれた三角地帯に位置し、川の向こうはアルメニアである。誰も立ち寄らないらしく雪が積もりに積もり、カルスの街中よりも雪深い状態となって、それが遺跡群をよりいっそう寂しく見せている。川には、爆破された古い石橋の跡がある。川に近づくと、石が積んであり、「軍事緩衝地帯　立入禁止」と書かれた警告板が立っている。しかしその看板自体が錆びついて文字が読みづらくなっており、石も雪に埋もれているため、つい足を踏み入れてしまいそうだ。

アルメニアは、三〇一年にキリスト教を公認した、世界で最初のキリスト教国として知られ

アニ遺跡で最も保存状態が良いとされる聖グリゴル教会。

る。アルメニア教会はビザンツ帝国の正教とは異なり、四五一年のカルケドン公会議（第四全地公会議）の決議を拒絶したことで分離した（というより、分離させられた）、いわゆる非カルケドン派（単性論）教会で、コプト正教会、シリア正教会、エチオピア正教会などと教義を同じくしている。ちなみにジョージア（グルジア）も四世紀にキリスト教を国教化して、アルメニアと同じくキリスト教の長い歴史を持つが、こちらは非カルケドン派ではなくグルジア正教会である。この地域は、キリスト教一つをとっても、複雑だ。

アニは遠い昔、シルクロードの商業都市の一つで、九六一年から一〇四五年までの間、中世アルメニアで最も繁栄したバグラトゥニ朝アルメニアの首都だった。ちなみにその前に首都だったのがカルスだ。アニは「千と一の教会がある都」といわれ、最盛期には一〇万人の人口を有していたとされる。九九二年にはアルメニア教会の総主教座もここに移され、政治のみならず宗教的にもアルメニアの中心だった。

長旅をしてきた隊商が休息をとったキャラバンサライや、アルメニア教会の総主教座があった大聖堂は、廃墟ではあるものの、建築から一〇〇〇年以上たったとは思えない威容をいまだに保っている。が、窓はとうの昔に失われ、聖堂の中にまで雪が積もっている。

そっと目を閉じ、当時の繁栄を想像してみる。

固定観念を壊さなければならない。現在のトルコ共和国の地図を基準にすれば、ここは辺境中の辺境だ。しかし地図を離して視野を広げると、見え方が変わる。ここはシルクロードの東西交易路と、栄華を極めたバグダードからコーカサス山脈を抜けてロシア方面へとつながる南北交易路の、ちょうど交差する位置に当たる。黒海に出れば、黒海貿易で栄えたトラブゾンに近く、そこから船でコンスタンティノープルに出られる。様々な出自の旅人が行きかったはずだ。

しかし、アニが繁栄を享受していた時、すぐそこまで危険が迫っていた。一〇四五年、ビザンツ帝国に占領されてバグラトゥニ朝は滅亡。さらに一〇六四年、セルジューク軍の猛攻撃を受けてアニは陥落。その後、同じキリスト教のグルジア王国に支援を求め、その傘下に入った。

そしてカルスと同じく、セルジュークのあとにはモンゴルがやって来た。一二二六年にはモンゴルの包囲を退けたものの、一二三六年にはとうとう侵入を受けて略奪され、住民の多くが虐殺された。アニを守ろうとして守れなかった城は、いまはアルメニアとトルコの軍事緩衝地帯の中にあり、容易に近づくことはできない。

その後も黒羊朝、ティムール帝国、白羊朝、サファヴィー朝、オスマン帝国、ロシア帝国……と、諸勢力が入り乱れ、最終的にこの地はトルコ共和国の領域になった。

雪の積もった教会で上を見上げると、顔の部分が削りとられたフレスコ画が目に入った。のちにイスラーム領域に組みこまれた場所ではよく見られることなので驚かないが、驚くのは柱に残された大量の落書きだ。これは明らかに最近のものと思われ、この地に対する敬意の欠如が感じられた。

アニ遺跡がアルメニア領内にあったなら、最大限の敬意を払われて手厚く保護されただろうに。最終的にトルコ領内となったことで打ち捨てられている様子を見るのは、悲しすぎた。

足跡をたどることです

アニを支配した勢力のめまぐるしい変遷を見るだけでも、アルメニア人がたどった受難の一端が伝わってくる。祖国を大国に蹂躙され続けたアルメニア人はユダヤ人と同じく、ディアスポラを余儀なくされた。そしてオスマン帝国末期に起きたアルメニア人大虐殺によって、離散にさらに拍車がかかった。

アニとアルメニア人の受難について考えながら歩いていたら、突然足をとられ、腿のあたりまで雪にはまってしまった。まずい。周囲には誰もいない。第一、この遺跡には従業員の姿もない。

かつて香港郊外の海岸で泥にはまり、腰まで引きずりこまれたことを思い出して冷や汗が出る。ジタバタすると、余計深く引きずりこまれるので、慌ててはいけない。幸い、遠くに若いカップルの姿が見えたので、声をあげて手を振ると、駆けつけて引っぱり出してくれた。

「気をつけてください。人の足跡がないところは、絶対に歩いちゃダメです。足跡をたどることですよ」

足跡をたどること——なんだかものすごく大切なことを教えてくれた。

思えば、馬の気配を追った旅先には本土、あるいは中心地から周縁に追放された人々の足跡や、そこで生まれた独自の文化があった。キリスト教徒のコミュニティから排除されたロマの人々と、改宗を余儀なくされたモーロ（イスラーム教徒）がグラナダの洞窟で出会い、生まれたフラメンコ。スペインから追放されたモーロが、北モロッコに作ったアンダルシア風の町。

しかしアニには、足跡だけが残り、人がいなかった。

文明の十字路、多様性、異文化と異文化の出会い……そんな耳に心地よい言葉を、いかに自分が無責任に使ってきたかを痛感せざるを得ない。

近いのに、心理的にとてつもなく隔たったトルコとアルメニア。目の前にある軍事境界線は越えられないが、いつか向こうのアルメニアへ行ってみたい。また一つ、宿題が増えた。

トルコのへそ、カッパドキア

馬がいるから

次なる目的地はトルコ有数の観光地、カッパドキアである。

奇岩や洞窟教会、地下都市で有名なカッパドキアには、いつか行ってみたい、という程度の関心はあったものの、あまりに有名な観光地であるため、渇望するほどのことではなかった。それを決心させたのは、やはり馬の存在だった。

渡航前、現地の馬に乗ってみたいと思っていた私は、トルコ国内で馬に乗れそうな場所を手当たり次第に検索した。すると、地中海沿いのアンタルヤとアナトリア中央部のカッパドキアによさそうなところが見つかった。トルコ国内の地中海沿いについては、十字軍が建てた城のあるボドルムと、聖ヨハネ騎士団が牙城としたロードス島への入り口、マルマリスへ行くつもりだった。馬まで地中海沿いにすると、トルコの印象が南に偏りすぎてしまう。それよりも、アナトリアらしい風景の中で乗ってみたい。そんな、どちらかというと消極的な理由からカッパドキア行きを決めたのだった。

旅先の一期一会

カッパドキアはアナトリアのほぼ真ん中あたりに位置する。トルコの地図を見てみると、本当に東西南北のまさに中心に位置している。トルコのへそ、とでもいおうか。

トルコの国内線はイスタンブールを中心として、放射状に路線が組まれているため、トルコ北東部のカルスからはかなり西に位置するイスタンブールに飛び、乗り換えてまたアナトリア中部のネヴシェヒルまで戻らなければならない。

夜九時半にネヴシェヒル空港に到着。カッパドキアでは観光の起点となる町、ギョレメの小さな洞窟ホテルを予約し、出迎えを頼んでいた。ギョレメのホテルが共同で送迎バスを用意しているらしく、他の便でやってくる外国人旅行者を待ち、全員揃ったところで出発だ。

待合室のベンチに座っていると、西洋人ツーリストの輪から少し離れたところに座る一組の男女がいた。ものすごく広義にインド系のように見えたが、どこから来た人なのかは、もちろん本人に聞くまでわからない。二人ともジーンズにダウンジャケットというカジュアルな格好をし、足元にバックパックを置いている。

アウェーの地で、自分が外国人集団の一員という立場に置かれた時、おそらくサバイバル本能なのだろうが、私は東洋の香りがする人のほうに向かう。相手が女性なら、なお近づきやすい。

「ギョレメへ？」と女性に声をかけると、「そうですよ」とフレンドリーに答えてくれた。

彼女はイシュラといい、パキスタンのイスラマバード出身だった。いまはサウジアラビアのジェッダに住んでおり、休暇でトルコへ遊びに来たという。「あちらはだんなさん？」と尋ねたら、彼女が彼に向かって何かを言い、彼が大袈裟に手を振りながら笑い転げた。

「まさか！　弟ですよ。二人とも結婚はしていません」

彼女は小児科医で、現在はジェッダの病院に勤務しているという。

「サウジアラビアでは女性一人で出歩くことが難しいので、就職が決まった時、弟を一緒に連れていくことに決めたんです。弟は、送迎や家事を担当してくれています。どこへ行くのも弟と一緒」

高度な専門職のムスリマ（女性のイスラーム教徒）としてサウジアラビアで働くには、そんな苦労があるのか。そこまでして働きに行くのはなぜなのだろう。

「パキスタンより労働条件がいいですから。サウジアラビアは女性の医者が圧倒的に少ない。でも小児科は患者が子どもなので、女性の医者を望む親が多いんです。だから外国籍のムスリマは需要が多いんですよ」

夏や冬の休暇をもらうと、こうして弟と海外旅行に出る。パキスタンは遠いので、まだ一度も帰っていない。

「サウジアラビアから来ると、トルコはあまりに開放的でびっくりしてしまう。ほとんどヨーロッパと同じような感じがしますね。いつか機会があったら、ジェッダへ遊びに来てください。いつでも歓迎しますよ」

非常に嬉しい言葉だったが、この時点でサウジアラビアは、ムスリム以外には観光ビザを発行していなかった（筆者註・二〇一九年九月より条件が変わり、日本の異教徒でも観光ビザを申請できることになった）。

「だったら、いつかイスラマバードへ来て。私がいれば歓迎するし、もし私がいない時でも、家族に頼んでおきますから」

旅先での一期一会。カルスでは、アゼルバイジャンの首都バクーからスキーをしに来たギュネルという名の若い女性と知りあった。ホテルの職員と楽しそうに談笑していたので、トルコ語がわかるのかと尋ねたところ、アゼルバイジャン語はトルコ語と似ているので、だいたいわかるのだという。

「いつでもバクーへ来て。必ず電話してね」と言って、ＳＮＳアプリ「ワッツアップ」で連絡先を交換した。

イスラーム圏を旅行していると、他のイスラーム圏から来た女性と知りあう。ジェッダやイスラマバード、そしてバクー。いつか本当に、イシュラやギュネルを訪ねたいものだ。

気球には乗らない

前の晩遅くにカッパドキアに到着したため、朝はゆっくり朝食をとった。朝食ルームの窓から、たくさんの気球が宙に浮かんでいるのが見えた。カッパドキア名物の気球だ。宿泊客はみな気球ツアーに出払っているらしく、私以外は誰もいなかった。

到着直後にレセプションで、ホテルのマネージャーである韓国系のミズ・キムに、早朝気球に乗るかどうかを尋ねられたが、速攻で断った。気球ツアーに払うお金（相場は一五〇ユーロほど）が惜しいわけではなく、高い場所が本当に嫌いなのだ。陸・空・海のうち、最も苦手なのが空。空中で何かが起きたら、ほぼ一〇〇パーセント、生還できない。

私の脳裏には、二〇一三年にエジプト屈指の観光地、ルクソールで起きた悲惨な気球事故の記憶があった。それは乗員乗客二一名のうち一九名もの人が亡くなった痛ましい事故で、日本から参加した年配の旅行者四名や香港からの旅行者九名も犠牲になった。いくら空から見たカッパドキアが美しかろうが、そんなリスクの高い観光に命を賭ける気はない（余談だが、私が訪れた後の二〇一七年二月、三月、四月と、カッパドキアでは立て続けに気球事故が起きてしまった。やはり空はあなどれない）。

それはさておき、その時ミズ・キムが「小さなプレゼント」と言ってチョコレートをくれた。キョトンとする私に、彼女は笑った。「今日はクリスマス・イブよ」。

すっかり忘れていた。

昨晩は暗くてよくわからなかったが、ギョレメの町はすり鉢のような形状をしていて、谷底部分に町の中心部がある。そして斜面に数々の洞窟ホテルが張りつくようにして建っているため、他のホテルの様子がよく見える。蟻塚の断面を見ているような感じだ。私が滞在するホテルは、すり鉢の最も高いエリアに位置していて、見晴らしが素晴らしい。いつまで座っていても、見飽きない。

しばらくすると、気球ツアーを終えた旅行者たち一〇人ほどが戻ってきた。有名ブランドのアウトドアファッションに身を包んだ、裕福そうな年配の中国人グループだ。会釈をする。

ミズ・キムによれば、このホテルのオーナーはカッパドキア・ローカルのトルコ人で、近年この町は韓国と中国の旅行者に人気があるため、韓国人の彼女と中国人青年が雇われたのだという。

「日本人は最近あまり来ませんね。どうしてでしょう？　昔はカッパドキアのお客といえば、日本人が多かったのに」

「テロと日本の経済状況の悪化が原因ではないでしょうか」

「なぜ日本人はそれほどテロを怖がるの？　中国人と韓国人は来るのに。カッパドキアは安全ですよ」

「二〇一五年にシリアで日本人二名が殺された衝撃が大きいです。あの事件には私もショックを受けました」

「日本人に早く戻ってきてほしい！　カッパドキアはツーリストが命。ツーリストのためなら何でもする。どんなことでもアレンジするので、何でも相談してほしい」

人のいないカッパドキア

まずはカッパドキアの概要を知っておきたい。ミズ・キムに頼んで景勝地を駆け足（車）でめぐるツアーに参加したあと、午後は岩をくり抜いて造られた岩窟教会群のあるギョレメ野外博物館へ自力で出かけることにした。

地図を見たら、ギョレメの中心部から博物館までは一・五キロといったところ。これくらいの距離だと、馬があれば早いのだが、あいにく馬はない。タクシーを頼むほどでもなし、歩いて行くことにした。

ホテルの裏口から外に出て、石畳の敷かれた坂道をひたすら下りていくと、ギョレメの中心部に出る。川沿いにレストランや土産物店、両替屋がずらりと建ち並んでいるが、どこもまったく客の姿がない。

今朝目撃した気球の数からして、町にはそこそこ観光客がいそうだが、彼らの行動パターンは、夜にカッパドキア入りして早朝気球に乗り、数時間めぼしいところを観光して、次の観光地へ移動してしまうらしく、午後になると町から人がごっそりいなくなってしまうようだ。

クリスマスと新年のホリデーシーズンにあたるこの時期、本来ならヨーロッパから来るバックパッカーでごったがえしているはずだろう。やはり、一二月一〇日にイスタンブールのサッカースタジアム付近で起きた爆弾テロと、一九日にアンカラで起きたロシアのアンドレイ・カルロフ大使射殺事件の影響は果てしなく大きい。トルコに人が来なくなれば、観光業に依存するカッパドキアの生死に直結することを目の当たりにした。

川から右折して博物館通りに入ったら、町は突然そこで終わり、雪に覆われた平原が広がる、いきなり寂しい風景になった。歩いている人間など一人もおらず、時々大きなバスが横を通り抜けていくくらいで、車の往来も少ない。客観的に見れば、誰もいない田舎の道を一人で歩く東洋人の図だ。

ちょっと浅はかだっただろうかと不安になり、早いところ通り抜けようと、歩く速度を速めた。悪い癖で、地図上の一・五キロというと、「ふだん暮らしている戸越銀座から五反田くらいか」と脳内で換算し、「歩ける」と判断してしまう。しかしここはどこまで行っても街がとぎれない東京ではない。ヤバかったかな、と思い始めたちょうどその時、道路脇からガタイのよい若い男性が飛び出してきて、心臓が止まりそうになった。

「どこへ行くんですか？」

警戒心が極限まで高まり、話しかけないでほしいオーラを必死に放出しながら「野外博物館に行くところです」とだけ答えた。

「ここをまっすぐ行くと、あと一〇分くらい。右手に見えますよ」

そう言うと青年はトランシーバーに向かって何かを伝え、「連絡しておきました。どうぞお気をつけて」と言ってほほえんだ。

あなたは何者？　青年は事情を説明してくれた。

「カッパドキアのパトロール隊です。テロリストや犯罪者から旅行者を守るため、地元の有志でやっています。昔、このあたりで殺人事件が起こりましたから」

「もしかして、日本人女性が殺された事件？」

「そうです」

それは二〇一三年に起きた痛ましい事件だった。カッパドキアを自転車で回っていた二人の日本人女性が、トルコ人青年に襲われ、一人は亡くなり、もう一人は重傷を負った。

「二度とあのような事件が起きないよう、旅行者を守るのが僕たちの任務です」

世話好きのミズ・キムが、「何でも相談してほしい」と言ってくれたこと。あれも商売上の理由というより、行動を把握して私の安全を守るためだったのか……。一人でふらふら歩く自分の存在が申し訳なくなり、彼らのためにもいっそう安全に留意しなければ、とますます歩を速めたのだった。

岩窟教会

カッパドキアといえば、奇岩と洞窟である。恐竜がひっかいた爪痕のような岩肌が連なっているかと思えば、円錐形の岩や、ぶなしめじのような形をした岩が林のように密集したり、長年の風雨に晒されて浸食されたギザギザの岩山が屹立したりと、この地の大自然を見ているだけで、創造主の存在のようなものを否が応でも意識させられる。

太古の昔、エルジェス山（現在は海抜三九一六メートル）が活発な火山活動を繰り返し、長い時間をかけて膨大な量の溶岩や火山灰が大地に降り積もった。それらはさらに時間をかけて浸食され、他に類を見ない、カッパドキアの不思議な景観をつくり上げた。つまりこれらの岩は硬そうに見えるけれど、案外軟らかいということだ。私が滞在するホテルも岩山をくり抜いて建てられた洞窟ホテルだが、木の多かった日本では木を用いて家を建てたように、ここではこの土地ならではの特徴を生かし、人々は岩や斜面に洞窟を掘って暮らしてきた。ギョレメ野外博物館も、そうして造られた岩窟教会が集結した場所だ。

午後遅くだからか、ここも旅行者が少なく、インド系（のように見える）の団体を何グループか見かける程度。南インドはポルトガルに支配された影響でカトリックが少なくないので、南インドから来た人たちかもしれない。客が少ないためか、期待していたミュージアムショップも閉鎖されている。アニもそうだったが、トルコの、特にキリスト教関連の公立博物館は欲がないといおうかやる気がないといおうか、オフシーズンには最低限しか稼働させない方針のようだ。その分、一つ一つの教会と静かに対峙できるのはありがたかったが。

トルコを考える際に難しいのは、遠い昔、ここがかつてローマ帝国の領域で、キリスト教の地だったという想像力を持たなければならないことだ。ギョレメ近隣のカイセリが、「カエサルの都市」を意味してカエサレアと名付けられたことが象徴するように、カッパドキアはローマ帝国の属州だった。

さらにカッパドキアは初期キリスト教会において、極めて重要な場所だった。

ローマ皇帝コンスタンティヌスがキリスト教を公認したのが三一三年。その後ほどなくしてカッパドキアは、のちに「カッパドキア三教父」と呼ばれる、キリスト教の教義確立に多大な貢献をした三人の聖人を輩出した。聖大ワシリイ、またの名をカエサレアの聖バシレイオス（三三〇頃－三七九）、その弟であるニッサ（現在のネヴシェヒル）の聖グレゴリオス（三三五頃－三九四頃）、そして二人の友人だった神学者グリゴリイ、またの名をナジアンゾス（現在のカッパドキア南西）の聖グレゴリオス（三二九頃－三八九）だ。

このギョレメ野外博物館がある場所はもともと、聖バシレイオスがキリストの教えを実践する共同体を提唱し、隠棲して修道生活を送った場所だという。カッパドキアの奇岩群を見ると、私ですら創造主の存在を意識してしまうくらいなのだから、当時の敬虔なキリスト教徒がこの環境で修道生活を営もうとした気持ちはとても自然なものに映る。

この場所に黙想的な生活を送りたい僧や修道士が集まり始めたのが四世紀。ここが選ばれた理由は、前述の聖人たちが眠るギョレメの谷が聖性を帯びていたこと、そして奇岩が醸し出す幻想的な景観が修行に適していたことが考えられ、巡礼者が訪れるようになった。そしていつしかカッパドキアはキリスト教徒にとっての聖地となっていった。

聖地としての名声が上がると、有力者がこぞって教会を建てたがるようになる。特に修道院と教会が増えたのは九世紀後半だという。ギョレメの谷全体で、一年の日数と同じ三六五の洞窟教会が造られたといわれ、現在は三〇ほどの教会が公開されている。野外博物館の保存状態のよい教会は、一一世紀に建造されたと見られている。

カルスやアニの帰属がめまぐるしく変わったのと同様、カッパドキアもペルシャ、ウマイヤ朝、続いてアッバース朝の脅威に晒され、ビザンツ帝国が奪還したりイスラーム勢力が盛り返したりを繰り返し、異なる宗教を奉じる二大勢力の間で帰属が揺れ動いた。そして、一一世紀にテュルク系のセルジューク朝に支配されて以降、二度とキリスト教の地には戻らなかった。

素朴な宗教表現

教会、と聞くと壮麗なものを想像しがちだが、個々の教会は、岩をくり抜いて造った本当に素朴なもので、見学者のために設けられた一〇段ほどの階段を上り、換気や採光のために開けられた入り口から背を丸めて中に入っていく。聖バシル（バシレイオス）教会や聖バルバラ教会のライトに照らされた壁には、素朴な筆致でキリストやマリア、聖人の姿が描かれている。赤（オークルレッド）の彩色が多いのは、赤い孔雀石やマンガンといった鉱物がアナトリアではたやすく手に入ったからだという。微妙に歪んだ幾何学模様や、ともすると落書きのようにさえ見える十字架。専門の画家によって描かれたものではない原始的な絵や模様が、切実な信仰のために描かれた証のように映り、かえって胸に迫る。外界から遮断された、この暗くて狭い空間に身を置くだけで、ここで祈りを捧げた人たちの切実さが伝わってくるようで、厳粛な気持ちになる。

一方、エルマル教会（りんごの教会）、カランルク教会（暗闇の教会）やチャルクル教会（サンダルの教会）などは、鮮やかな色彩の高水準の壁画で覆われている。明らかに専門の画家によって描かれたと考えられ、資金力の存在が感じられる。

なぜここに修道院と教会が集結し始めたのが九世紀後半なのだろう？

それにはビザンツ帝国の聖像破壊運動（イコノクラスム）が関係している。

ビザンツ帝国では七二六年、皇帝レオン三世（在位七一七－七四一）によって突如、聖像破壊運動が起こった。レオン三世は、快進撃を続けたウマイヤ朝によるコンスタンティノープル包囲

聖バシル教会。槍を持ち白馬にまたがる聖テオドール。

を撃退し、イスラーム勢力を押し戻した有能な軍人皇帝だった。しかし偶像崇拝を禁じるイスラームと長らく対峙した影響からなのか、人々のイコン（聖画）に対するゆきすぎた崇敬や、修道院の権力肥大化を危険視するようになり、聖像破壊運動を開始して修道院に対して激しい弾圧を行った。レオン三世の弾圧に抵抗した人の中から、のちに正教会で篤く崇敬される聖人が生まれている。コンスタンティノープル総主教だった聖ゲルマヌス一世（六三四－七三三／七四〇）や、アラブ人キリスト教徒であるダマスコ（ダマスカス）の聖イオアン（六七六頃－七四九）だ。

最終的に、皇太后テオドラが八四三年に召集した公会議でイコン崇敬の正統性が再確認され、一世紀以上にわたった聖像破壊運動にようやく終止符が打たれた。正教会ではこの、「聖像崇敬派勝利」の状態がいまも続いている。

つまりギョレメの岩窟教会群は、修道院を徹底弾圧した聖像破壊運動から解放されたことをきっかけに増殖したと考えられ、色鮮やかなイコンには、宗教表現ができる喜びがいかんなく発揮されているのだった。

聖像崇敬派の勝利

聖像崇敬派の勝利の喜びの発露に、カッパドキアで出会えるとは……。個人的に感慨深いものがあった。

第二章でも書いた通り、私はその頃、一三世紀のスペイン（当時はカスティーリャ）で「賢王」アルフォンソ一〇世によって編纂された、聖母マリアを讃える頌歌集「カンティガ」に夢中になっていた。古楽器リュートで自分にも弾ける曲を探すうち、この歌集にたどり着き、旋律を奏譜に起こし、歌詞を訳して当時の人々の心性を想像することを日課としていた。

そんなある日、ふと気づいた。この歌集には案外コンスタンティノープルを題材にした歌が少なくないことに。そのほとんどが聖母マリアのイコンがモーロ（イスラーム教徒）を撃退した、聖母マリアが現れてコンスタンティノープルを守った、といった内容だった。聖像破壊運動を起こしたビザンツ皇帝レオン三世や、それに抵抗して罷免された聖ゲルマヌス一世、皇帝から手を斬られた（といわれる）ダマスコの聖イオアンの存在も、この歌集で知った。レコンキスタの真っ最中で、日ごろからイスラームと対峙し、聖母マリアを篤く崇敬する一三世紀カスティーリャの人々の心性は、ビザンツ帝国の聖像崇敬派の心性とぴたりと重なりあうように私には映った。

けれどもカッパドキアの聖像崇敬派の喜びは、そう長くは続かなかった。

ビザンツ帝国がテュルク系のセルジューク朝に大敗し、アナトリアの大半を失ったマラズギルトの戦いが一〇七一年。つまりこれらの教会群は、聖像破壊運動が終結し、ようやく思う存分聖画を描けるようになった喜びを放出させたものの、二世紀ほどのちにはイスラームの支配下に入ったことになる。

岩窟教会は、外気に触れることなく内部が良好な状態で保持され、いまなお鮮やかな色彩を見せてくれる。キリスト教徒たちがこの地を大切に守ってきたことが想像でき、目に入る聖画という聖画がとてつもなく愛おしいものに感じられた。

最も美しく壮麗な正教会の聖堂といわれるイスタンブールのアヤソフィアや、贅と技術の粋を極めたモザイクとフレスコ画が数多く残るカーリエ博物館（元コーラ修道院）などへ行く前に、カッパドキアの岩窟教会群を訪れたことは、私にとって幸運だった。

ここがもしキリスト教の地であり続けたなら——つまりセルジュークにもモンゴルにもオスマンにも奪われず、ビザンツのままだったらという、到底ありえない「たられば」を言っているのだが——、正教徒にとって大変な聖地となっていただろう。

しかし一方ではこうも思う。首都コンスタンティノープルから遠く離れたここが、長い間放置されたことで、聖像崇敬派の宗教的情熱が冷凍保存された。それは宗教的権威の中枢に近い、贅を尽くした聖堂からはけっして感じることのできないものだろう。

馬がいるという理由で訪れたカッパドキア。この地へ導いてくれた馬の存在に、私は感謝した。

いよいよ馬に乗る

ほぼ同年代の東洋人女性であることが親近感を呼ぶのか、それともこの年齢で一人旅という境遇が憐れみを誘うのか(多分、後者の理由)、私の姿を見かけるたび、ホテルのマネージャーである韓国系のミズ・キムはほほえみ、話しかけてくれる。トルコの小規模なホテルでは、レセプションで働くのは圧倒的に男性が多く、女性はレストランの厨房や掃除など、裏方の仕事を担当していることが多いため、あまり話す機会がない。積極的に話しかけてくれる彼女は、私にとって心強い存在となっていた。

「今日は何をする予定?」

「馬に乗ります。もう予約もしました」

そう言うとミズ・キムは「私に言ってくれれば予約したのに」とつぶやき、心底悲しそうな表情をした。商売上の理由も多少は含まれていたのかもしれないが、世話好きの彼女は、本当にツーリストの役に立ちたいという思いがあるようだった。カッパドキアに来てから見つからないと困るので、事前に探した、あなたを信用していないわけではない、と釈明せざるを得なかった。

海外で馬に乗る場合、乗馬、牧場、地名などを英語で入力し、まだ行ったことのない場所に馬がいるかどうか、馬に乗れる可能性があるかどうかを調べていく。通訳やガイドやコーディネーターを使わず、一人旅の途中で馬に乗るには、ほぼネットに頼るしかない。

いくつか情報がヒットすれば、できる限り写真や地図で場所を確認し、あとは自分の勘に従って、どこにコンタクトを取るかを決める。

ネットのクチコミは、あまりあてにしない。その人物がどのくらいの経験を持ち、何を求めてそこで馬に乗ったか、はかりかねるからだ。牧場の大きさや、大々的に英語で宣伝を行っているかどうか、あるいはガイドブックに載っているかなども重視しない。システマティックに運営しているところは、実入りの多いツアー客を重視し、個人旅行者に対する対応がなおざりになりがちだ。

そうはいっても確固たる決め手があるわけではなく、最終的には勘に頼ることになる。私がコンタクトを取ったのはイルファンという人物だった。

「もうじき迎えが来ます。イルファンという人が」

「イルファンならよく知っている。彼は一番信頼できる。いい人を選んだわ」

奇岩に囲まれた牧場

ホテルの正門で待っていると、時間通りに泥だらけのバンがやって来た。乗っていたのは男性二人。助手席に座る、毛糸の帽子をかぶった、いかにも人の好さそうな人物、それがイルフアンだった。彼はミズ・キムと親しげに挨拶を交わすと、右手をさすりながら言った。

三日前、大工仕事をする際に右手を挟んで骨折してしまい、いまは馬に乗れない。今日のガイドは、友人のジェリルが担当するので了解してほしい。そのかわり、君たちが歩く予定の道はすべて、今朝確認してきたので安心して馬に乗ってほしい、と。もちろん私に異論はなかった。一緒にいたのが、今日のガイドを務めてくれる、乗馬用のキュロットを穿いたジェリルだ。

私たちはジェリルの運転で、まずはイルファンの牧場へ向かった。ギョレメ野外博物館通りから右折してしばらく進んでいくと、奇岩の連なる風景の中に簡易な木の柵で囲まれた馬場が見えた。これがイルファンの小さな牧場だ。ギョレメ野外博物館のこれほど近くに馬がいたとは、想像もしなかった。ここで飼われている馬は四頭で、馬たちは日中放牧され、夜になると岩をくり抜いて造られた馬房で休む。カッパドキアでは馬房も洞窟なのかと、嬉しくなった。

イルファンが休憩したり事務を行ったりするのはトレーラーハウスだ。

「カッパドキアという地名は、『美しい馬の地』を意味するペルシャ語に由来している。だからここに馬がいるのは自然なことなんだよ」とイルファン。

彼はギョレメ生まれのギョレメ育ち。もともとおじいさんが馬を飼っていて、馬が畑を耕したり物を運んだりするのを幼い頃から見て育ったので、いつでも馬がそばにいた。しばらくガイドとして働いた経験から、ギョレメの地理を知り尽くしているため、観光客を馬に乗せる仕事を始めたという。

イルファンは私に、シャンという名の芦毛の牡馬を選んでくれた。

「僕の一番のお気に入りの子だよ。性格が穏やかで落ち着いてるから、安心して乗ってほしい」

一方、ジェリルが乗るのはガゼルという名の、灰色の牡馬だ。

二頭の体高は私の肩あたりで、一四五センチくらい。サラブレッドと比べるとかなり小柄で、サイズはモンゴル馬と同じくらいに見えるが、モンゴル馬ほどずんぐりしておらず、スマートだ。イルファンの馬はみな、アラブ馬とアナトリア馬が混血した在来馬だという。

「アラブ馬の速さと、体が小さいのに頑丈なアナトリア馬の血を受け継いでいるよ」

アラブとアナトリアの優位点の融合……。馬もまた、様々な民族が入り乱れるアナトリアの地にイスラーム勢力が流入したトルコの歴史を背負っている。

馬の操作に関してイルファンは、下り坂を歩く場合の足の構え方と馬の止め方を教えてくれた。上る時は自然と上体を前に傾けるのに対し、下る際は両足を踏んばるように前に出し、自分の背を後ろへ倒し気味にすること。急ブレーキをかける時も同様だ。

「急な坂が多いから、そうすることで馬の負担が軽くなる。大事な操作はそれだけだ」

次に絶対にしないでほしい行為を教えてくれた。

「馬のお腹は蹴らないで。足でほんのちょっと圧迫するだけで動くから」

さらに、馬に乗る際、「チッチッ」と舌を鳴らすことで、馬の注意を促し、反応をよくする

イルファンが飼うのは、アラブ馬とアナトリア馬をルーツとする在来馬だった。

舌鼓（ぜっこ）と呼ばれる副扶助（指示）があるのだが、「舌は絶対に鳴らさないように」と念を押された。

「鳴らすとどうなるの？」

「走り始めるよ」

つまりイルファンの馬は、とてもよく動く、ということだ。

ふだん、都内近郊の乗馬クラブの狭い馬場で部班（ぶはん）[*9]で巨大なサラブレッドに乗っていると、あまりに馬が動いてくれなくて泣きたくなることがある。私の技術がつたないこともあるが、初級者の安全のため、馬があまり敏感に反応しないように調教されているのだ。周囲を車が走ったり子どもが走ったり、上を飛行機やヘリが飛びかったりするような環境で、敏感な馬に初級者が不適切な扶助を出すと、走り出す危険が高くなる。ちょっとした舌鼓や扶助では走り出さないように調教されているからこそ、騎乗者の安全が守られているといえる。

日本の外に出れば、馬の種類も地形も静けさも、何もかもが変わる。いったん自然の中に出てしまえば、どんな不確定要素があるかわからず、インストラクターとの完全なコミュニケーションが望めないなか、自分で危機に対処しなければならない。

大事なのは走らせることではなく、走られた時に止めること。あらためて肝に銘じた。

＊9　馬術の練習方法。号令者の号令に従い、複数の人馬が同時に同じ運動を行う。グループレッスン。

ぶどう畑を馬で行く

イルファンに見送られて二頭連なって牧場を出ると、じきにカッパドキア・パトロール隊の詰所の前を通った。前日に一人で歩く私を心配して飛び出してきた青年が、何かを察したようにほほえみながら手を振ってくれた。私がガイドと行動していることに安堵したようだ。

なんとなく出発したので、これからどこへ向かうかはよくわからない。ジェリルがまたがったガゼルについて、車が行きかう大通りを離れ、小道を入っていく。膝くらいの丈の枯れ木がずらりと並んでいる。ぶどう畑だろうか。

「そう。カッパドキアではよいワインが造られている。ぶどうがなっている季節は入れないが、収穫が終わると馬で歩かせてもらっているよ」

彼もカッパドキア出身なのかと思いきや、意外にもアンカラ出身で、アンカラでIT産業に従事していたという。馬には趣味で乗っていて、エンデュランス[*10]の大会に出場したこともある。しかし都会暮らしに疲れ、カッパドキアにやって来たところ、ここが気に入り、住みつくようになった。

私がカッパドキアに対して目を輝かせるのと同様、トルコの都会で暮らす人にとってもこの町は特別な魅力を放っているらしい。

しかし現実的に生活は成り立つのだろうか。

「楽とは言えないね」とジェリルは笑った。全面的にイルファンの世話になり、馬の世話を手伝ったり、忙しい時期にインストラクターとして仕事をもらったりしている。住居費を抑えるため、イルファンの牧場の近くにある、大きな牧場の一角のトレーラーハウスで暮らす。貯金を切り崩しながら、馬に関わった仕事を時々する、というのが実情のようだ。

かさかさ、かさかさ。

馬の蹄がぶどうの枯れ葉を踏みしめるかすかな音が、びっくりするほど大きく聞こえる。この静けさの中で、余計な動きをして馬を驚かせてはいけない。自分の心をつとめて穏やかにするようにした。

それにしても、馬のよいところは、車で入れない場所を歩けることだ。線路なしで列車は走れず、道路なくして車は走れない。しかしそれらがない場所でも、馬なら歩ける。馬は行動範囲が限りなく広い移動手段なのだとあらためて実感した。

＊10　長距離を走ることでタイムを競う競技。獣医によるホース・インスペクション（馬体検査）があり、馬の健康状態に十分配慮した走り方をしないと失格になる。

キャラバンサライ

ぶどう畑の中を常歩(なみあし)で一時間ほど歩いたあと、車道に出、別の町が近づいていることがわかった。横を車が通り抜けていく。車道で馬に乗った経験があまりない私は緊張するが、ガゼルもシャンも慣れたもので、平然と歩いている。「ここでお茶休憩をするよ」と言ってジェリルが馬から下りた。私も下りる。そして馬を引きながら、大きな建物に隣接した広い駐車場のようなところへ入っていった。

壁からは等間隔をあけて鎖がぶら下がっていて、ジェリルが鎖にめいめいの馬の頭絡(とうらく)*11をくくりつける。これは駐車場ではなく、駐馬場ではないか。

「昔は馬が移動手段だったから、そのまま残っているんだ」

この古い建物も、かつては旅人や隊商が泊まるキャラバンサライだったのかもしれない。馬がこの地に根差した文化だった痕跡が、いまなお現役で使われていることが嬉しい。

駐馬場の隣の小さな茶店に入り、ストーブにあたりながら甘いトルコティーを飲む。冷えきった体に砂糖の甘さがしみわたり、活力がよみがえってくるのを感じる。

幹線道路が交差するT字路のところに岩山がそびえたっていた。通り沿いにはカフェや土産物屋やホテルがいくつか建っているが、岩をくり抜いて造られた洞窟住居の跡がある岩山の斜面は崩れ落ち、完全に廃墟だ。

「ここはチャウシンという村。昔はここにギリシャ人が住んでいたんだ」

彼らの遠い先祖も、岩窟教会で信仰を守っていたのかもしれない。

「彼らは一体どこへ？」

「ギリシャへ行った。一九二三年にトルコとギリシャの間で『住民交換』が行われたからね」

この「住民交換」で、トルコ在住のギリシャ人はギリシャへ送られ、ギリシャ在住のトルコ人はトルコに送還された。この村にはギリシャから来たトルコ人が移住させられたが、出た人数より入ってきた人数が圧倒的に少なく、村は次第に荒廃していった。そして一九五〇年代に地震が起き、地滑りと落石で村が被災したのをきっかけに、政府は住民を平地に移住させることに決め、それ以来この村は完全に放棄されたのだとジェリルは言う。

そういえばずっと、漠然と不思議だったのだ。トルコ共和国は政教分離を採用した世俗主義国家であるにもかかわらず、人口全体におけるムスリムの比率は九九パーセントにものぼっている。

キリスト教徒は一体どこへ消えてしまったのかが不思議でならなかった。

「住民交換」が原因だったのだ。

＊11　馬の頭につける馬具。額や頬、顎などをひも状のものでつなぎ、さらに一部を馬銜（はみ）や手綱と連結させる。手綱を引くことで、馬銜が馬の口角を圧迫し、馬に指示が伝わる仕組み。

寛容と不寛容

一九世紀、フランス革命の影響や、ギリシャ文明を西欧の原点とする「ギリシャ再興」のうねりを受け、ギリシャ独立戦争（一八二一－二九年）が起きてギリシャが離脱すると、オスマン帝国の領土は大幅に縮小した。

さらに、オスマン帝国とギリシャ王国の直接対決となった希土戦争（一九一九－二二年）が起き、トルコ人とギリシャ人、双方の感情は決定的に悪化した。そして一九二二年一一月、ムスタファ・ケマル（アタテュルク）の起こした革命により瀕死状態だったオスマン帝国はついに滅亡。翌年、トルコは政教分離を採用した世俗主義国家、トルコ共和国となった。

強制的住民交換協定が締結されたのは、一九二三年一月。これにより、約一一〇万人のギリシャ人がギリシャ王国に送還され、約三八万人のムスリムがギリシャ領からトルコに強制送還された。

「住民交換（population exchange）」とは、言葉は穏やかだが、住民が暮らした土地や財産を根こそぎ奪い、強制追放しあったということだ。トルコから突然キリスト教徒の人口が減った理由を、目の前の廃墟が教えてくれた。

キャラバンサライの残るいい感じの村に、そんな壮絶な歴史が隠されていた。

トルコとギリシャの間で起きた壮絶な対立に心を暗くしながらも、出発だ。

頭絡を鎖から外し、鐙に左足をかけ、一人で芦毛の牡馬シャンにまたがる。台に乗らず、自分でまたがれる、とてもよいサイズ感だ。先導するインストラクターのジェリルと、馬のガゼルのサイズ感もぴったり。その土地に暮らす人と、馬のサイズが合っていることは、その地に馬文化が根づいた指標ともいえる。

サラブレッドがいかに巨大で、不自然に脚が長いかを思った。サラブレッドは体高が高すぎて、台なしではまたがれない。自分がふだん、いかに不自然極まりない形態で馬に乗っているかを痛感する。

アラブ馬の血が入ったアナトリアの在来馬が私は気に入った。寒冷な気候に耐えるため、毛がもふもふしているところが、また愛らしい。

ふだんから、シャンのような馬に乗れたらなあ。

思わずそんな溜息をつくが、それもまたエゴだとわかっていた。

シャンは、カッパドキアの子だ。私がシャンのような子にふだん乗りたいなら、それは日本の在来馬であるべきだし、しかもそんな暮らしが可能である場所へ移らなければならない。しかし日本がとうの昔に馬との暮らしを棄て去り、在来馬が絶滅の危機に瀕している現状では、それは不可能な夢に近かった。

走らないで

　そんなことを考えながら歩くと、ところどころに廃墟となった洞窟住居が見える。ここにもギリシャ系住民がいたのだろうと、また暗い歴史に引き戻される。きのこのような形をした、通称「妖精の煙突岩」が見えてきた。その前の広場には、観光客用のヒトコブラクダが寂しそうに座っている。

「ここはパシャバー。夏だったら観光客がたくさん来るが、いまは誰もいないね。ここで昼食休憩をとるよ」

　もしかして今日は、ただ馬に乗るだけでなく、馬に乗って名所を回ってくれているのか。そこそこ広い範囲に名所や谷が点在するカッパドキアは、馬で回るのにちょうどよいサイズなのだ。

　見慣れた人が手を振っているのが見えた。イルファンだ。私たちが昼頃にここへ到達することを見越し、車で先回りしてくれたらしい。

「君たちが昼食をとる間、馬もごはんの時間だ」とイルファンは言って二頭の馬を木にくくりつけ、車で運んできたバケツに水を入れて飲ませ、やはり持ってきた牧草を食べさせた。人任せにせず、かいがいしく馬の世話をするその様子に、彼が自分の馬を本当に大切にしていることが伝わってきた。

「シャンはいい子だったかい？　怖い思いはしなかったかい？」

「とてもいい子。本当にかわいい」

「そう言うとわかっていたよ」とイルファンは言いながら、シャンに頬ずりをした。

簡単な昼食をとったあと、私たちはイルファンと別れて再び馬で出発した。

冬のカッパドキアは夕暮れが早い。馬に乗っていると、馬の体温が下半身に伝わるため、歩いている時よりも暖かさを感じることができるが、気温はかなり下がっていることが自分の背中の冷たさから感じられた。

昼まではとてもおとなしかった先導馬のガゼルが、イルファンと別れたあと、なぜだか荒れ始め、ジェリルが時折、制御するのに手こずっているのが見てとれた。突然横歩きを始めたり、走り出しそうになったりするのを、必死に手綱で止めている。一度は抑えきれずにガゼルが突然爆走し、少し行ったところでようやくUターンして戻ってきた。

自動車の通らない、灯りも何もない山道なので、日が完全に落ちるまでに牧場に帰らなければならない。ガゼルは、そろそろ家に帰りたくてしょうがないのかもしれない。イルファンの顔を見たことで、里心がついてしまったようだ。

自然の中で馬が何に驚き、脅えるか、予測がつかない。エンデュランスの試合に出ていたジェリルでさえ、ふだん乗り慣れない馬だと制御できないことがあるのだ。シャンが影響されて走り出さないよう、ガゼルと少し距離をあけ、手綱を握る力を強めた。幸いシャンは非常におとなしく、巻きこまれることなく落ち着いて歩いてくれた。

山から谷に下りると突然風景が開け、平らな並木道に出た。

「僕が暮らすトレーラーハウスはあのへんだよ」とジェリルが指さす。ということは、ギョレメの谷に戻ってきたということだ。一匹の黒い犬が走ってきて、馬にじゃれ始めたので緊張し、硬くなる。

「大丈夫、僕がお世話になっている牧場の犬だ。馬たちと友達だ。迎えに来てくれたんだね」ジェリルにそう言われて安心し、いつもの癖で「チッチッチ」と犬に向かって挨拶をしてしまった。あ、舌鼓をしてはいけないんだった、と思い出すより早く、それを発進の合図と理解したシャンが、「承知しました!」とばかりに駆け出した。ヤバい、いまは疾走したい気分じゃない。それに体が冷えきり、相当硬くなっている。この硬さで落馬したら、絶対にケガをする。お願いだから止まってくれ、と祈りながら足を前に思いきり踏んばり、やっとのことで常歩に戻した。

「大事なのは馬を止めること」の意味がよくわかり、冷や汗が出た。

ちょうど日が暮れかけた頃、私たちはイルファンの牧場に戻った。馬から下りるとタオルで馬の体を拭き、冷えないよう分厚い毛布をかける。ガゼルとシャンは、家に戻った嬉しさからか、毛布をまとったまま馬場の中をしばし走り回って喜びを爆発させた。

再び、馬とともに山道へ

この日の乗馬に味をしめ、次の日もまた馬に乗せてもらいたいと、イルファンにお願いしていた。しかし朝早くに連絡があり、寒空の下で一日外乗したジェリルが風邪をひき、寝こんでしまったという。野外を馬で疾走することには慣れているジェリルだが、六時間近く常歩で歩くことには慣れておらず、体が冷えきったのだろう。申し訳ないことをした。

しかし私も諦めきれない。結局イルファンが近くの大きな牧場に頼み、そこの馬に乗せてもらうことになった。歩くルートは、イルファンが急遽考え、午前中に下見をしてくれた。人にガイドを頼むにせよ、下見をして安全を確認しない限りは馬に乗せないのが、イルファンの職業倫理だった。そのあたりの入念さと責任感の強さが、彼が信頼される所以なのだろう。

この日先導してくれた若いインストラクター、メーメットは、ギョレメ生まれの、しかも牧場育ちで、歩けるようになった頃から馬に乗っていたそうだ。始終観光客を馬に乗せる、専業の乗馬ガイド。英語はあまり話せないので寡黙だが、馬の扱いにはさすが慣れている。私が乗せてもらったのはスルタンという立派な名前の、金色のたてがみを持った栗毛の馬だった。昨日の夕方私たちを迎えてくれた黒い犬がついてきて、道中私たちのお供をしてくれた。メーメットの犬だったのだ。

この日は前日とうって変わってよく晴れ、青空が広がっていた。ギョレメの谷からいきなり山道を登り始め、道なき道を歩く。ギョレメの谷では雪はさほど積もっていなかったが、標高が上がるにつれ雪が深くなっていった。これが平原ならさほど怖くないのだが、勾配のキツイ雪の山道は滑りやすく、怖いことこのうえない。スタスタと登っていくメーメットと愛馬に必死でくらいついて行くものの、次第に二頭の距離があいていった。

すごい勾配が目の前に出現した。メーメットは愛馬にまたがったまま難なくひとっ飛びし、黒犬もそれに続いて登っていく。そして上から、同じようにジャンプしてこい、と私に手招きする。

「Impossible!」と叫んで助けを求めるが、「You can do it!」と言ってほほえむばかり。腹をくって登るしかない。スルタンの腹を圧迫して推進の扶助を出したものの、私の前傾姿勢が足りずに重心が後ろに残っていたため、スルタンは足を滑らせて登りきれず、坂を滑り落ちた。もちろん私も落馬。しかし雪がクッションとなり、どこも痛くはない。むしろ、スルタンにケガをさせたのではないかと心配になった。

またがったまま登るのは不可能と判断して、スルタンを先に単独で登らせ、私は雪の道に這いつくばって登り、再びまたがった。けっこう無理させるよ!

落ち武者か、はたまた蛮族か

山に登ったら、下らなければならないのは自明の理で、峠を越えた私たちは、今度は谷へ通じる道を下っていった。これがまた馬でなければ通れない、細い、細い谷の道だった。

青い空にギザギザ切り立った峰々。昨日までのカッパドキアとはまた異なる美しい風景に心が躍ったが、足元のぬかるみを見たら一瞬でそんな喜びは霧散した。他のことに気をとられる余裕はない。馬が雪で足を滑らせたら、馬もろとも谷底へまっさかさま。そのダメージはさきほどの落馬のレベルではない。お尻の穴がひくひくするような緊張感に襲われ、背中に冷や汗が噴き出した。

なんで私、こんなところを馬で通っているのだ？　ここを通って逃げなければ命がない、落ち武者か何かなのか？　助けて、イルファン！

しかし骨折して手綱を握れないイルファンは馬で助けには来られない。馬に乗って出発してしまった以上、自分で切り抜けるしかない。人間の緊張を、必要以上に馬に伝えてはいけない。これはもう馬を信じ、できるだけ馬の集中力を邪魔しないよう、静かに揺られるしかない。足を前に出して踏んばり気味にし、上体は力を抜きながら、とにかく無心で揺られることにした。

そんなアップダウンを何度か繰り返して、いくつかの峠を越え、開けた高台に出た。眼下にギョレメの谷を見渡せる絶好のポイントだった。

遠くかなたに、雪をかぶったエルジェス山が見えた。この山が噴火してカッパドキアの奇観をつくり上げたのだから、この土地の父親みたいな存在である。

住宅地の向こうに見える山という、東京から見える富士山に目が慣れている私には、いまいる場所から山まで、民家がほとんど見えず、ずっと奇岩だけが続いているのは、信じられない風景だった。人々が死に絶えてしまったあとのようだ。

降り積もった火山灰が風雨に浸食され、この景観が出来上がるまでに一体どれだけの時間を要したのか。その途方に暮れる時間の長さを考えれば、ここに人が暮らし始めてから現在に至るまでは、一瞬の出来事のようなものかもしれない。

いけない、いけない、創造主目線である。

さらに私は奇妙な感覚に見舞われた。峠をいくつも越えて遠路はるばる旅をし、ようやく人々の暮らす集落にたどり着いた、蛮族のような気分だった。

馬にまたがり、行けるところまで行ってしまったところ、そこには宗教も風俗習慣も異なる人々が住んでいる。そこを先遣隊が偵察したのち、頃合いを見計らって大軍で押し寄せるかもしれない。蹂躙された人々の側も黙ってはいない。危機が伝わると、中央から援軍がやってきて、蛮族の前線を押し戻す。押し戻せなければ、半永久的にその地は失われる。こうして長い時間の間に、アナトリアでは様々な人々が入り乱れ、覇権を争ってきた。そんな感覚を、一瞬だが味わうことができた。

この感覚は、徒歩でたどり着いたら多分味わえない。

馬上にいて、高みから下界を見下ろすからこそ感じる、征服感のようなものだった。

「いい風景でしょ。これが見せたかったんだ」

メーメットがそう言って、にやりと笑った。さっきまでは「ずいぶん無理させるなあ」と、恨み言の一つも投げたかった彼が、この風景を見せるために多少の無理をさせたのかと思ったら、それはそれで嬉しくなった。

イルファンは、メーメットの働く牧場で私たちの帰りを待っていた。

「今日はどうだった？　怖くなかったかい？」

「少し怖かったけど、素晴らしい風景を見られて満足。カッパドキアで馬に乗って、本当によかった」

「今度来る時は夏においで。カッパドキアには、無数の道がある。馬で一週間キャンプをしながら、谷めぐりをする経路を考えてあげるから」

興奮気味でホテルに戻り、ミズ・キムに今日の報告をすると、彼女は言った。

「そんなに馬が好きだったら、馬を買えばいい」

は……？

「イルファンの牧場でお世話してもらって、年に何回か遊びに来ればいいのよ」

「言うのは簡単ですが、そんな贅沢はできませんよ」と笑ってごまかしながら、一瞬だけ目が輝いた。

「忘れないで。あなたの夢を実現させるのが私の仕事」

二人とも、私がカッパドキアに戻ってくることを疑わない。そして私も、多分また戻ってくるだろう。

旅人を離さないカッパドキア……恐ろしい。

さすがは「美しい馬の地」だった。

第五章
遊牧民のオリンピック

未知の馬事文化

コロナ禍

周知の通り、二〇一九年末に中国の武漢で発生したと思われる新型コロナウイルス（COVID-19）がまたたく間に世界的流行（パンデミック）を引き起こし、国境をまたいだ人の流れが突然止まった。

その頃は、まさかこの後三年近くも海外へ出られなくなるなど、想像もしていなかった。

どこかへ行きたい気持ちはあるが、正直言うとおっくうだ。いつかきっと行けるだろうから、いまでなくてもいい。そうやって行く決心を先延ばしにする傾向があった私は、ひどく後悔した。

この先も、理由はウイルスだったり戦争だったりして、いつどこへ行けなくなるかわからない。思い立った時に行くべきなのだ。新型コロナウイルスに与えられた教訓だった。

本当にそろそろ外へ出たい。そんな思いが募った私は、日々の感染拡大状況を注視しながら、ひそかに渡航の機会をうかがっていた。そして日本帰国時の条件が緩和され、海外渡航しやすくなった二〇二二年九月、再度トルコへ向かうことにした。

ノマド・ゲームズとの出会い

World Nomad Games――国際遊牧民競技大会をご存知だろうか。遊牧民に伝わる伝統的競技を競う国際競技大会で、二〇一四年のキルギス大会から始まった。私は勝手に「遊牧民オリンピック」と呼んでいる。

私が初めてこの大会の存在を知ったのは、二〇一七年一月三日の夕方、トルコはイスタンブールの地下鉄駅、タクシムだった。なぜそれほど日時が明確なのかというと、長い話だ。

動く歩道が設けられた地下の広いコンコースの壁一面に、ずらりと写真が飾られ、写真展が開かれていた。馬上で矢を射る、色とりどりの民族衣装を身にまとった人々。肩に鷹を乗せた鷹匠たち。草原で半裸の男二人が馬にまたがったままもみあう、馬上レスリング。遠くの的に向けて弓矢をかまえる、気高い眼差しの女たち。油まみれになった男たちが屈強な体を密着させ、草の上で戦うオイルレスリング。明らかに遊牧民伝統の競技大会のようで、五輪の世界とはまったく趣が異なっていた。それが、二〇一六年にキルギス共和国で開催されたワールド・ノマド・ゲームズの写真展だったのだ。

私はほんの一週間前、カッパドキアで馬に乗ってきたばかりだった。馬や草原の写真に釘づけになった。こんな大会があるのか。だとしたら、いつか見に行きたい。できることなら、一枚一枚の写真の前で立ち止まり、伝統的な民族衣装を身にまとった人や馬の勇姿に見入りたかった。しかしその時、そんな余裕はまったくなかった。この地下道で立ち止まるのが心底怖かった。後ろ髪を引かれる思いで、金属探知機が設けられた改札口へ向かい、足早にその場から立ち去った。

私が不在にしていた一一日の間に、多少大袈裟にいえば、イスタンブールが変わってしまったのだ。

カッパドキアで馬と至福の時間を過ごしたあと、私は方向転換してトルコ国内の地中海沿いへ向かった。十字軍の痕跡を訪ねるためだ。

目的地は、ギリシャの歴史家ヘロドトスの生まれ故郷であり、十字軍騎士団の建てた城が残るボドルム。そしてボドルムからバスで二時間ほどのマルマリス。この街は遡ること五か月前、トルコでクーデター未遂事件が起きた際、エルドアン大統領が滞在していた、海辺のリゾート地だ。そしてマルマリスからは国際フェリーでギリシャ領のロードス島へ渡ることができる。短い時間でもかまわないので、トルコからギリシャへの国境越えをしてみたかった。

朝一番のフェリーでマルマリスからロードス島へ渡り、聖ヨハネ騎士団（別名ホスピタラー）の壮麗な宮殿を見学し、再びフェリーでマルマリスに戻ったのは、二〇一六年最後の夕日が落ちる頃だった。

大晦日のマルマリスは人の姿もまばらで、静まりかえっていた。その晩は久しぶりにワインを飲み、一人で一年の終わりを祝った。十字軍の足跡を見たし、アララト山も見たし、馬にも乗った。あとはイスタンブールに戻り、まだ見ぬアヤソフィアやブルーモスクに行くだけだ。そんな解放感と、一〇日以上酒を飲んでいなかったからだろう。思いのほか早く酔いが回り、海沿いのホテルでテレビをつけっぱなしにしたまま、ベッドの上で寝入ってしまった。

テレビが発する赤い色彩のまぶしさで目を覚ましたのは、年が明けた午前二時頃だった。画面にはおびただしい数の救急車や警察車両が中継で映し出されており、何か尋常ならざることが起きていることを知った。ベッドから飛び起き、英語チャンネルとネットで情報収集を始めたところ、概要がわかってきた。

その二時間ほど前のことだ。イスタンブールの、ヨーロッパとアジアを分けるボスポラス海峡にまたがる「七月一五日殉教者の橋」が間近に見渡せる、オルタキョイの高級ナイトクラブ「レイナ」では、外国人観光客や世俗的で裕福なトルコ人たちが、新年を迎えるカウントダウンパーティーを行っていた。六〇〇人にものぼる客が、シャンパンやワインの注がれたグラスを合わせて乾杯し、歓声を上げて新年の到来を喜びあっていた。

その後、歓声が悲鳴に変わるとは、その場にいた人たちは誰ひとり想像しなかったに違いない。

午前一時一五分頃、サンタクロースの扮装をし、スポーツバッグを斜めがけにした細身の男が「レイナ」に乱入し、ライフルを撃ちまくって、客や店員を無差別殺戮したのである。

私はあと半日したら、飛行機でマルマリスからイスタンブールへ移動することになっていた。凄惨な無差別テロが起きたばかりの街に、よりによって向かわなければならない。恐怖で、それから一睡もできなくなった。

タクシム広場

まるで日本列島を北上して縦断する台風のような頻度で、二〇一六年、トルコは数多くのテロに見舞われた。先述のように一二月に入っても、一〇日にイスタンブール、一七日はカイセリ、一九日にはアンカラでと、テロが相次いだ。

しかし、その後はトルコ各地で厳しい警備体制が敷かれたため、テロはいったんやんだかのように見えた。振り返れば、私がアララト山やアニ遺跡へ行き、馬と遊んでいた一一日間、たまたまテロがやんだだけだったのだ。

せっかくイスタンブールに戻ってきたのに、テロのせいで、表に出るのが怖い。テロの可能性を考慮し、イスタンブールでは外国人旅行者の多いスルタンアフメット地区やガラタ塔周辺を避け、ビジネスマンや高級ショッピングセンターの多い新都心、レヴェントのホテルに入った。タクシムから地下鉄で四つ目の、交通至便なエリアで、どこへ行くにもタクシム経由となる。イスタンブールに到着した日の翌日、一月二日は、どうしても外へ出る気がせず、ホテルでだらだら、CNNやアルジャジーラ（カタールの国営衛星放送）の英語放送ばかりを見ていた。「レイナ」を襲撃した犯人のアイデンティティは不明なまま。襲撃したあと逃走し、まだ捕まっていない。事件直後から大規模な交通規制が敷かれたため、まだイスタンブールのどこかに潜伏している可能性が高かった。

そしてこの日、ＩＳ（イスラーム国）が犯行声明を出した。シリアで空爆を行ってムスリムを殺す「十字架の守護者であるトルコに対する聖戦」という表現だった。さらに衝撃的なことに、狙撃犯が犯行前に自撮りしたと思われる映像がニュースに流れた。それは事件の数日前に撮られたと見られる映像で、背後に映し出されたのはタクシム広場だった。男は当初、タクシム広場を襲撃するつもりで下見に出かけたが、警備があまりに厳しかったため――確かにこの時期、

二〇一七年一月、人の気配のないスルタンアフメト・モスク（通称ブルーモスク）。

イスタンブールの繁華街は警官だらけだった——に断念し、その後、外国人や世俗的な人々が集まる場所を探し、「レイナ」を標的にしたのではないか、という見立てをニュース番組は流した。

先週、犯人はタクシム広場に来ていたのか……。私はホテルから、どこへ行くにもタクシム駅を通らなければならない。非常にストレスフルな滞在となったことを知り、愕然とした。

加えて、東洋ルーツを思わせる犯人の風貌から、キルギス、カザフスタン、あるいは中国のウイグル出身ではないかという見立てが流布し、東洋人男性が路上で殴られる事件もすでに発生していた。どこからどう見ても東洋人である私には、そのことも負担となった。

そしてその翌日、乗り換えのためにタクシム駅を通った際、ノマド・ゲームズの写真展に出くわしたのだった。一枚一枚をゆっくり見たい気持ちと、早くここから立ち去りたいという相反する感情に挟まれるが、やはり足は自然と動いてしまう。それがずっと心残りだった。

結局犯人は、私が日本に帰国してから一〇日が経過した一月一六日に捕まった。中央アジアからの移民が多いイスタンブールのエセンユルト地区のキルギス人宅で潜伏していたところを、警察の特殊部隊の急襲によって身柄を確保されたのだ。ウズベキスタン国籍のアブドゥルガディール・マシャリポフ（当時三四歳）。アフガニスタンでアルカイダの軍事訓練を受けた経験があり、さらにシリア国内のＩＳＩＬ（イラク・レバントのイスラーム国）支配地域で再び軍事訓練を受けたあと、難民を装ってトルコに入国し、コンヤに住んでいた。マシャリポフが七分間の凶行で放った銃弾はおよそ一八〇発で、死者三九名、負傷者七九名。恐るべき殺傷率の高さである。
この無差別テロ以降、これまでトルコ国内で大規模なテロは起きていなかった。

次のノマド・ゲームズ

前置きが長くなったが、それが私とノマド・ゲームズの出会いだった。こうして、ノマド・ゲームズに、トルコを衝撃と深い悲しみに陥れた無差別テロが紐づけされることになってしまったのだ。

オリンピックやパラリンピックと同じく四年に一度だろうと思いこみ、次回大会は二〇二〇年に違いないと油断していた。しかしこれが実は二年に一度の大会で、気づいた時には二〇一八年のキルギス大会が終わったばかりだった。二〇一八年の初夏、私は再びトルコを訪れていた。そうと知っていれば、キルギスへも寄るべきだったのにと、激しい後悔に見舞われたものだ。

ノマド・ゲームズは二〇一四年の第一回大会、二〇一六年の第二回大会、そして二〇一八年の第三回大会と、三大会連続してキルギスで行われた。次の第四回大会は、時期や会場など詳細は不明だが、二〇二〇年にトルコで開催されることが決まっていた。いつ、どのような形でそれを知ったのかは覚えていない。とにかく、それを知った時は喜んだ。ここ数年関心があり、しかもノマド・ゲームズの存在を教えてくれたトルコで開催されるのだ！　この大会は絶対に見に行こうと心待ちにしていた。

しかし周知の通り、二〇二〇年が明けるとほぼ時を同じくして、新型コロナウイルスが全世界で感染拡大した。二〇二〇年の東京オリンピック・パラリンピックは早々に延期されることが決まり、ノマド・ゲームズも当然ながら延期となった。

折に触れては新規情報がないかと検索し続けたが、まったく情報はなし。二〇二一年夏、東京オリンピック・パラリンピックは無観客で、二〇二二年二月には北京冬季オリンピック・パラリンピックが招待客のみ（それでも会場で観戦する人がかなり多いように見受けられたが）で開催されたが、ノマド・ゲームズについては、相変わらず何の音沙汰もなかった。

馬術競技に対する違和感

二〇二一年に延期開催された東京オリンピック・パラリンピックは、馬が登場する競技をひたすら見続けた。皮肉なことにそれが、よりいっそう自分の心をノマド・ゲームズに向かわせる結果になった。

日本では馬術競技がマイナーで、さほど人気もないため、地上波テレビや衛星チャンネルではほとんど放送されない（通常は競馬中継をする「グリーンチャンネル」では中継された）。

頼りはもっぱら、ＮＨＫがインターネットで提供する中継映像だった。

ところがこの中継、日本向けではなく、全世界に向けたオフィシャル映像であるため、アナウンサーの実況も解説もすべて英語である。バリバリのブリティッシュ・イングリッシュをまくしたてる実況アナウンサーと解説者のかけあいを聞きながら眺めていると、わが家から一〇キロも離れていない世田谷区の馬事公苑や、江東区の埋め立て地に造られた「海の森公園」が、まるでどこぞの異国のように思えたものだった。


馬が好きだから、すべての馬術競技を楽しんだ。それはそれなりに幸福な時間だったが、同時に様々なこみ入った感情が湧き上がるのも感じた。

ブリティッシュ・スタイルで馬術の技術の高さと美しさを競う「ドレッサージュ（馬場馬術）」。馬と息を合わせる「人馬一体」の競技といわれ、男女の区別なく行われるジェンダー・フリーの競技である。が、その根底にあるのは、馬を完全にコントロールして意のままに動かすという、あくまで人間上位の発想だ。その見返りとして、馬は最上級の扱いを受け、ホームファームから丁重に航空機で運ばれてくる。さらに付け加えると、馬術競技で高得点を叩き出す名馬は各国の有力選手から引っ張りだこで、世界を股にかけた高額争奪戦が繰り広げられる。

障害物を跳んでタイムを競う「ジャンピング（障害馬術）」も然り。アメリカの大御所ロックシンガー、ブルース・スプリングスティーンの娘ジェシカがアメリカ代表として出場し、団体戦で銀メダルを獲得したことも話題となった。非常に金のかかる競技であることを、あらためて痛感した。

いわゆる馬上クロスカントリーの「総合馬術」は、東京湾上の埋め立て地に丘や池や走路を設けた「海の森公園」で行われた。こちらは複雑に設計された各種障害物を跳び、さらにタイムの速さで順位を競う。背後に東京湾や湾岸に立つ摩天楼が垣間見えるコースは、オリエンタリズム満載で外国人ウケはよさそうだったが、すべて人工物で、苛酷なコースを疾走する馬の脚に負担がかからないわけがない。予選二日目、水濠を飛び越える際に失敗したスイス人選手の馬、ジェットセットが右脚を負傷し、安楽死させられたのは、悲しい思い出だ。そしてクロスカントリーコースは大会終了後、跡形もなく撤去された。東京の人工施設ではなく、自然に囲まれ、もともと乗馬拠点の多い那須や小淵沢で開催できなかったものかと、思わざるを得なかった。

さらにパラリンピックも含めて全馬術競技に共通したのが、イギリスやドイツ、フランス、オランダといった西ヨーロッパ勢の圧倒的な強さだった。アンダルシアンという名馬の産地であるスペインや、サラブレッドの源流、アラブ馬を産出するアラビア半島諸国ですら、その存在が目立たない。

いまなお馬と暮らす人々が西欧諸国と比べて圧倒的に多いはずの、モンゴルやキルギス、カザフスタンといった国の選手が、ほとんどいない。馬の扱いを一番よく知る人々が全然いないことに、大きな違和感を抱いた。

オリンピックやパラリンピックで繰り広げられるこれらの馬術競技は、西欧の貴族社会的な馬事文化の踏襲であり、その世界観の再現でしかない。そこに追随、あるいは少なくとも共感する姿勢でないと、いくら馬が好きでも入りこめない現実を、再認識させられた。

私は、明らかに「入りこめない」側だった。私ですらそう感じるのだから、馬と共に生きる人々は、より距離を感じるのではないだろうか。

遊牧民独自の馬事文化が見たい

二〇一六年夏にウランバートルで、モンゴルの国民的祝祭「ナーダム」を見た時のことがしきりに思い出された。

ナーダムには、国家レベルで行われる国家ナーダムと、各地方の村々で行われるナーダムの二種類がある。行われる競技は、競馬、相撲、弓射の三種目。第一章で触れた通り、元をたどれば、世界最強の騎馬軍団を率いたチンギス・カンが、軍事教練のため、兵士たちに狩りの演習をさせたことが発端といわれる。確かにこの三種目は、草原の戦いにおける兵士の必須戦闘スキルなのだった。

中でも競馬は圧巻だ。ナーダムの競馬は、馬の年齢によって走行距離がクラス分けされ、最長では三〇キロと破格に長い距離となる。そのため馬の負担を考慮して、騎手は六歳から一二歳の子どもに限定されている。

白い土埃が上がったかと思うと、突然目の前に現れる全力疾走の騎馬集団は、それはそれは迫力に満ちていて、これぞ馬と共に生きる人々の面目躍如だった。

ナーダムの競馬にも、問題がないわけではない。貧富の格差が拡大し続けるモンゴルで、名誉を求める富裕層がナーダムに参入し、名馬や名トレーナーをめぐって大金が動く。低年齢の子どもが落馬して大ケガをし、人生を棒に振る。無理な走破をさせて、途中で息絶える馬も少なくない。問題は山積みである。しかしそれは承知の上で、人と馬の関係の近さと、そこにかける情熱、勝者の手にする名誉と尊敬という点で、ナーダムはまさにモンゴルを象徴する祝祭だった。

オリンピックやパラリンピックの馬術競技にはない、人と馬の関係性。西洋のハイソサエティの馬事文化とは違う、もっと泥臭いもの。

「これは、西欧主導ではない、遊牧民独自の競技大会を開くしかない」

ふと、そんな考えが頭に浮かんだ。

ノマド・ゲームズは、同じように感じた人々の思いから始まったのではないだろうか。

私も、そちらを見たい。オリンピックとパラリンピックを見ながら、ノマド・ゲームズに対する思いは強まるばかりだった。

しかし一向に新しい情報はなく、これまで行われた大会の動画をネットで探しては視聴し、思いを募らせる日々が延々と続いた。

いよいよ開催が決定

事態が動いたのは、二〇二二年五月だった。九月末にノマド・ゲームズがトルコのイズニクで開催される旨が、五月一三日、突然報道されたのだ。会期は九月二九日から一〇月二日までの四日間。

待ちに待ったノマド・ゲームズがいよいよ開催される！　しかも開催地は、イスタンブールからアジア側へ車で二－三時間の距離にあるイズニク。ビザンツ帝国（東ローマ帝国）時代はニカイアと呼ばれ、キリスト教の公会議が行われたことで知られる、歴史ある古い街だ。思わずガッツポーズが飛び出した。

嬉しい。しかし……あと四か月しかないではないか。会場となる場所には広大な敷地が要るし、スタジアムの建設も必要だろう。かつて三回開催したキルギスなら、既設会場を再利用でき、さらに大会運営のノウハウも相当蓄積されているだろうが、トルコは初開催である。不安は募った。

しかも、遊牧民の多いキルギスなら馬の調達は容易にできそうだが、現在のトルコはさほどの馬大国ではなく、車窓から馬の姿を見かける頻度も高くない。馬の調達にも困難が予想される。

四か月の準備期間しかないなか、本当に開催できるのか？　喜びと不安が入り混じったのが正直なところだった。

私は早速、準備に動いた。

私にはイスタンブールに駐在する、片田君という古い友人がいる。彼は、私が大学を卒業したのち就職し、八か月間だけ在籍した船会社で机を並べた同期だ。中国の北京、天津、シンガポール、インドのチェンナイなどに駐在経験を持ち、世界のどこへ行っても物怖じしない、ちょっと日本人離れしたところのある、いまなお世界中を飛び回る商船マンだ。昭和の時代（！）に八か月しかいなかった会社の同期と三四年間も付きあい続けるほど、懐が深い。イスタンブールには、あの元日の無差別テロの直後から駐在し、六年目になる。私は早速彼に連絡を取り、絶対に行きたい大会であることを伝え、現地の宿と移動の手配を助けてもらえないかと相談した。

「何それ？　ようわからんけど、おもしろそう。任せとけ」

トルコには、彼の他にもありがたい助っ人がいた。イスタンブール滞在歴一八年の鬼頭さんだ。彼女はトルコの伝統的タイル画を描くアーティストで、しかも日本で会社員時代に片田君の部下だったという二重の縁があり、私も二〇一八年のトルコ滞在時にはお世話になった。彼女が大会期間中は同行し、通訳を務めてくれることになった。

さらに旅の同行者が増えた。旅行会社の駐在員としてイスタンブールに暮らして九年目になる、遊牧民文化好きの田上（たのうえ）さん。数か月前にもキルギスへ行ってきたばかりだ。そして日本からは、馬が大好きな私の友人、松岡さん。休暇の取りやすい研究NPOに勤務し、馬を求めて世界各国を旅行した経験を持ち、キルギスでも乗馬経験がある。あとで知ったのだが、私の出身大学の先輩にもあたる人だ。

トルコ好き、馬好き、遊牧民好き、単なる好奇心……様々な関心対象のグラデーションがある五人が集まり、ノマド・ゲームズ観戦チームが結成された。

情報がまったくない……

トルコへのフライトを確保し、旅程がフィックスされたあとでも、ノマド・ゲームズの公式サイトに動きはなかった。どれだけの数の、どんな競技が行われるのか、まったくわからない。しかもサイトはトルコ語のみ。この時点で判明しているのは、競技を観戦するチケットは不要だという、太っ腹な姿勢のみだった。

そのため、事前に競技について予習したり、大会期間中のスケジュール組み——何時にどの会場で競技Aを見て、次は違う会場で競技Bを見る、といったこと——は不可能。物理的準備ができないため、心の準備もなかなか難しかった。このゆるさというか、いい加減さに、「大丈夫なのだろうか……?」という不安は募るばかり。そもそも、開催まで四か月というタイミングで突然決定した大会である。会場の設営や環境整備といったハード面にてんてこ舞いで、情報発信や広報活動といったソフト面にまで手が回らないのだろう、と想像できた。

「トルコはたいていそうだよ。でも結局、土壇場で何とかする」

片田君は、何の心配もしていないように、ひょうひょうとメールで書いてくる。そういうものなのか。情報が多ければ多いほど安堵する私は、いつの間にか情報過多信奉者になっているのかもしれない。行く前から、こちらにも意識改革が求められていた。

いざ、イズニクへ

いま枝を切るのかね

私たちがイズニクに入ったのは、ノマド・ゲームズ開幕前日の九月二八日だった。イスタンブール在住の片田君は、仕事の関係で大会二日目からの参加となる。

イスタンブールを車で出てからおよそ三時間。イズミット湾を横断する橋ではなく、フェリーで海峡を渡ったため、三〇分ほど余計にかかった。街が近づくにつれ、ノマド・ゲームズのポスターがちらほら見える。しかし、それだけ。この街の近郊で明日から国際大会が始まるという高揚感は、どう転んでも伝わってこなかった。

イズニクは、ローマ帝国時代に建設された五角形の堅牢な城壁に囲まれた古都だった。街の中心には、二〇一一年に博物館から再びモスクとなったアヤソフィアがあり、徒歩ですべて回れそうなサイズがいい感じだ。私たちは三か月前から押さえておいた、街の外にあるホテルにとりあえずチェックインし、まずは街の中心部に向かった。

メインストリート沿いのケバブ屋で腹ごしらえをしていると、何やら外が騒がしくなり、トラックが停まって、車道に大きく張り出した街路樹プラタナスの枝をバッサバッサと切り落とし始めた。切るのは簡単だが、大変なのはその後だ。車道にはまたたく間に枝が散乱して交通を妨げ、交通量が多くなかった道路でたちまち渋滞が始まった。

「明日開幕で、いま枝を切るのかね？」

そうつぶやくと、鬼頭さんが笑った。

「明日はエルドアン大統領が来るらしいので、『街を美化せよ！』というお達しが上から来て、慌ててやっているんじゃないでしょうか。トルコでは、よくあることです」

大統領まで来るのか！　来訪は、警備上の理由から急遽決まったらしい。

「息子さんが大会組織委員会のトップなので。大統領自ら、開会宣言をするようです」

なるほど、興味深い。

ノマド・ゲームズの過去三回の大会がキルギスで行われたことから察せられるように、この大会の中心は、カザフスタン、キルギス、ウズベキスタン、トルクメニスタン、タジキスタンといった中央アジアの国々やアゼルバイジャンである。

遊牧民が多く、馬の多い場所というと、極東アジアの民である私は真っ先にモンゴルを思い浮かべる。それは間違いではない。しかしノマド・ゲームズに限っては、世界の中心はモンゴルではなく、もっと西の中央アジアなのだ。

これらの地域に共通するアイデンティティは、文化の差異や宗教の違いなどはもちろんあるが、一三世紀にモンゴル帝国に征服された、ユーラシア大陸の東西にまたがる広大な草原地帯(モンゴルはモスクワやキーウに至るまで征服した!)ということができる。ノマド・ゲームズはモンゴル、オスマン、ティムール、ロシア、清といった帝国が通奏低音として響く大会であるといえるかもしれない。

その大会が四回目にして、しかも二年の延期を経て、いよいよトルコで開催される。賛否両論あるにせよ、シリアのアサド大統領やロシアのプーチン大統領といった、西側諸国からは圧倒的な「悪」と見なされる独裁者と渡りあい、地理的にも体制的にも東と西の橋渡しをする大国としての存在感を示すことにやぶさかではない——というより、むしろ積極的ですらある——エルドアン大統領としては、旧オスマン帝国の威光を彷彿させるこの大会は、トルコの存在感を世界に示すよい機会と映るのかもしれない。エルドアン・ジュニアが大会組織委のトップに就任したことにも、そんな思惑が垣間見える。

エルドアン大統領はこの小さな街に宿泊するのだろうか? それほど高級なホテルもなさそうだが。

「日帰りですよ。多分、ヘリコプターで会場に降り立って、すぐまたヘリでアンカラに帰ります」と鬼頭さん。二〇一六年に軍の一部からクーデターを起こされた経験があるだけに、警備が手薄になりがちな場所には、長い時間は逗留しないのかもしれない。

それにしてものんびりしていた。この時点でも、街には大会の前触れのような喧騒はまったく漂っておらず、会場がどこにあるのか、誰に聞いてもわからない。鬼頭さんと田上さんが手分けしていろんな人に尋ねても、誰も詳しいことを知らないのだ。おおかたの意見を総合してわかったことは、ただ一つだった。

「明日になれば、アヤソフィアの前から会場へ向かうバスが出るらしい」

私たちとしてもそれを信じ、このやり方に身を任せるよりほかなかった。

場所は？　時間は？　手段は？　と、いちいち気を揉む自分が、なんだかものすごく度量の狭い人間のように思えてきた。

その時になればわかる——。

一事が万事、その調子。

この感覚に、ついてこられるかね？　と試されているような気がした。

馬がいる！

私たちは街をひと通り観光して、一〇〇年以上前に建てられたハマム（アラブ式公衆浴場）で汗を流し、イズニクを満喫した。そして簡単な夕食を済ませ、明日からの大会に備えて早めにホテルへ戻ることにした。街から一里ほど離れた、夏の民宿のようなたたずまいのホテルへ戻るには、街と近郊の村々を結ぶドルムシュ（乗りあいバス）に乗る必要がある。このくらいの距離だと、馬に乗るのが最適なのだが、あいにく馬はいないので、動力に頼るしかない。ドルムシュについても、これがまた曖昧な情報しかなく、いろいろな人の意見を総合したところ、こういうものだった。

それはアヤソフィアの前に停まる。大きなバスではない。が、それほど小さくもない。行き先は書かれていない。なぜなら乗客の要望によってルートが変わるからだ。車体は青いらしい。

この街では、何でもかんでもアヤソフィアの前に停まるらしい。大通りを行きかうバスに目を凝らしていると、なにやらワンブロック先の交差点のほうが騒がしくなり始めた。ブラスバンドのような音楽が聞こえてくる。その時、松岡さんが叫んだ。

「馬だ！　馬がいる！」

まだ馬の存在を目視しないうち、私は瞬時に走り出していた。

交差点にたどり着き、人波をかき分けて前方に抜け出すと、三頭の馬が見えた。馬に続いて通りを練り歩くのは、オスマン帝国時代の扮装をした軍楽隊「メフテルハーネ」だ。そして県政府の要人と思わしき人たち、子どもたちが続いて歩き、それを街じゅうの人たちがみな集ったと思われるほどのギャラリーが囲んで、一緒に練り歩く。前夜祭のようだ。よかった、地元の人たちも喜んでいる。ここに至ってようやく、明日開幕という実感が湧いた。

パレードを先導する馬にまたがるのは、Türkiye（トルコ）と赤字で書かれた白いポロシャツを身に着け、ヘッドギアのような防護帽をかぶった三人の青年だった。彼らはおそらく、コクボル（あるいはコクパル。頭と足首を切り落とした山羊の死体を二チームで奪いあい、敵陣のゴールに投げ入れる馬上競技。その荒々しさから、馬上ラグビーと呼ばれたりもする）のトルコ代表選手であろう。一人の選手は東アジアのルーツを感じさせる風貌をしている。トルコには中央アジアや中国のウイグルの移民も少なくないので、腕を買われて代表入りしたのかもしれない。背後から打楽器や管楽器を鳴らされ、恐怖におののいて逃れようとする馬を巧みに操っている。道中、馬がチビリチビリと糞を落としていたが、それはかなり水分を含んでビチャビチャしていたので、馬は相当緊張していたのだろう。

馬のサイズは、二〇一六年にカッパドキアで乗った、アラブ馬とアナトリア馬の混血種を思わせるサイズ。サラブレッドよりはるかに小さく、日本の在来馬や道産子よりは大きく、モンゴル馬とトントンくらいか。大きすぎず小さすぎず、足と胴体は少し太めで耐久力があり、しかも速く走ることができる。個人的には、このサイズが一番好きだ。速く走るためだけに作られた、大きな体と細すぎる脚を持ったサラブレッドが、サイボーグ馬のように思える。

そして、オスマン軍楽、メフテルである。こんなところで生のメフテルを聴けるとはラッキーだ。メフテルといえばオスマン帝国。オスマン帝国といえば、メフテル。それほど両者は切り離せない。

オスマン軍は、自軍の士気高揚や敵に対する威嚇のため、軍楽隊を連れて戦場に赴き、戦闘行為の最中に好戦的なメフテルを大音量で鳴らしたといわれる。主に使われる楽器は、チャルメラのような管楽器ズルナや、太鼓ダウル。

オスマン軍に二度包囲された経験のあるウィーンで一八世紀、ちょっとしたトルコブームが起きたのは有名な話だ。小学生の頃、ベートーヴェンやモーツァルトの「トルコ行進曲」[*12]を聴いては、「なぜトルコなんだろ?」と漠然と不思議に思ったものだった。それがオスマン帝国黄金時代につながっていたとは、当時は知る由もなかった。

聞き慣れた曲が流れてきた。メフテルの中でも最も有名な曲の一つ、「ジェッディン・デデン」(直訳すると「祖先も祖父も」)だ。私と同世代の人なら、どこかで一度は聞いたことがあるかもしれない。

これは一九七九、八〇年にＮＨＫで放送された向田邦子脚本のドラマ「阿修羅のごとく」のオープニング曲として使われ、その強烈なインパクトから、その後もＣＭなどで多用されてきた曲だ。異国情緒にあふれ、どこか懐かしく、もの悲しくもあり、思わず楽隊についていってしまいそうな妖しさも含んだ曲調。いまから四〇年以上も前に、これを日本の公共放送のドラマに採用したセンスには脱帽する。もっとも、この曲自体はオスマン帝国時代のものではなく、トルコ共和国になってから作られたそうだ。

馬と軍楽隊に率いられたパレードは、イズニク湖で行き止まりになった湖畔の道を左折し、さらに歩き続けた。湖畔には高級レストランやクラブが建ち並び、世俗的で裕福そうな客たちがスマホ片手に歓声を上げていた。イズニクは、イスタンブールからそう遠くはない、避暑地のような位置付けらしい。ここへ来る旅行者は、外国から来る観光客より、避暑のため長逗留する国内客のほうが多いそうだ。

四五分くらい歩いたところでパレードは解散。軍楽団の面々は大型バスに乗りこみ、どこかへ去っていった。この間にも、ノマド・ゲームズの会場らしき建物や施設はまったく見当たらなかった。会場は一体どこにあるのか、まだわからなかった。

いよいよ開幕

ノマド・ゲームズ開幕当日、九月二九日、木曜日。

ホテルで朝食を済ませたあと、街へ行くドルムシュについてオーナーに尋ねると、決まった時刻表があるわけでも停留所があるわけでもないが、「だいたい八時一五分くらいに来るね」という重要情報をもらい、街道沿いでバスを待つ。

それに乗ってイズニクの街に到着すると、前日あらゆる人から言われた通り、アヤソフィア

*12　一五二九年、ハンガリーの領有をめぐり、オスマン帝国の「壮麗王」スレイマン一世が神聖ローマ帝国ハプスブルク家の拠点ウィーンを包囲したが、補給が十分でなく撤退した（第一次ウィーン包囲）。一五〇年後の一六八三年、オスマン帝国の大宰相カラ・ムスタファ・パシャが再びウィーンを包囲するが、失敗に終わった（第二次ウィーン包囲）。

の前で会場へ向かうバスを待った。ここはちょっとした屋外待合所のようになっていて、タクシーやバスの運転手、近所の人、耳に管理用のチップがつけられた野良犬などのたまり場となっている。またもや、手当たり次第に周囲の人たちに尋ねる。ここでは情報は、活字媒体やネットからではなく、人からもたらされるのだ。一様に、会場へ向かうバスが出発するのはここで間違いないと言う。しかし待てど暮らせど、バスが来ないので、アヤソフィアの来客用トイレに行く。「アヤソフィアのトイレに行く」とは、なんと不遜な響きだろう。

この小さな街で、極東出身の女性観光客が四人集っていると、何か確かな情報に基づいて行動しているように傍からは見えるらしく、人が寄ってきて、私たちに尋ね始めた。まず寄ってきたのは、西洋人の女性旅行者だった。

「ノマド・ゲームズに行くバスはここでよいのかしら？」

「多分……みなさん、そう言っています」

一人はアメリカ人で、大学院で中央アジアの遊牧民文化を研究していて、この大会を見るためにアメリカからやって来たという。もう一人はスウェーデン人で、世界一周旅行の真っ最中。トルコを旅行している途中でこの大会を知り、イズニクまで足を延ばしたという。来月に誕生日を迎えるのだが、旅先で出会った人たちがポルトガルで誕生パーティーを開いてくれるそうで、大会が終わったらポルトガルへ飛ぶのだという。なんだか脈絡がよくわからないが、若くて自由で、羨ましい。続いてトルコ人のフリーカメラマンのおじさんも私たちに尋ねに来た。

トルコ語が喋れるのだから、地元の人に尋ねたほうがよさそうなものだが。

ようやくそれらしいバスがやって来て、待合所にいた地元民らしき人たちが乗り始めた。私たちも追随すると、運転手から制止された。これは大会関係者とボランティアを運ぶバスで、客を乗せる役割ではないのだという。それを聞いた鬼頭さんが、何か悟りを開いたような表情になった。

「いま大会関係者が会場に向かうということは、会場側の準備がまだできていないということ。これは、客用のバスは当分来ませんね。トルコはだいたい、朝が遅いんです。私たちはタクシーで行ったほうがよさそうです」

トルコをよく知る鬼頭さんがそう言うなら、きっとそうなのだろう。私たちは通りを渡ってタクシーと交渉し、会場へ向かうことにした。運転手も、会場へ行く道を知っているわけではなく、「多分、行けばわかると思う」という微妙な返答だったが。


昨日通ってきた幹線道路をイスタンブール方向へ走ると、途中、背後に広大なオリーブ畑が広がる場所に、会場を示す標識が立っていた。そこから左折し、明らかにオリーブ畑のど真ん中に無理矢理設けた舗装道路を湖方向へ向かって走る。突然視界が開け、広大な空き地に出た。会場外の臨時駐車場らしい。そこにいた若者二人に声をかける。

「ここはＶＩＰ専用入り口。一般客は向こう」

「向こうってどこ？」

「大通りに戻り、少し行けばわかる」

仕方なく舗装道路を戻って幹線道路に出、再び標識の立つ場所で左折すると、今度は舗装されていない土の道路となった。乾ききった道路から上がる土煙に視界を遮られながら進むと、「馬」という漢字をモチーフにした大会公式マークが掲げられた、巨大なアーチが出現した。その後ろに、真っ青な水をたたえたイズニク湖が見えた。

四か月前に突然決まった開催。そのタイミングで広大な敷地を準備できるとしたら、やはり海や湖の近くしかなかったのだと思われる。

即席で造られた立派なスタジアム。無数に置かれたプレハブは、選手村であろう。広い……。そして、客の姿がまったくない。

民族衣装の存在意義

会場内でうろうろしていたら、選手村のプレハブから、独自の民族衣装を身にまとった、アーチェリーの選手がゆったりとした足取りで歩いてきた。

そのグループは東南アジア系の顔立ちで、頭を包む布はインドネシアのバティックのように見え、黒や臙脂を基調としたかすり模様の入った上着を身にまとい、革のブーツを履いていた。

そっと目を閉じ、彼らの先祖が密林の中で馬にまたがり、狩りをする様子を思い浮かべた。かっこいい……。民族衣装はなんとかっこいいのだ。

ここではオリンピック・パラリンピックのように各選手が国名のついたジャージを着ているわけではないため、どこの国の選手かわからない。尋ねたところ、弓矢ケースから丸めた国旗を取り出し、広げて見せてくれた。マレーシアのチームだった。喜んで写真を撮らせてくれ、「ついでに僕たちのもお願い」とスマホを渡され、記念写真を撮影した。

次に出くわした一団も、アーチェリーの選手たちだった。アーチェリーは、朝早くから予選が始まるらしい。「彼らはキルギスのチームですね」と、夏にキルギスへ行ってきたばかりの田上さんが言う。

キルギスの一団は、唯一、朝早くから開いていた毛皮屋の店頭で帽子を物色中だった。動物の毛皮でできた帽子をとっかえひっかえ試し、鏡で真剣に見栄えを確認するのは、背の高い四〇代くらいの男性選手。モンゴルのナーダムもそうだったが、弓射は技術と経験がものをいうため、選手の年齢はあまり関係ない。その真剣な眼差しから察するに、どうやら、割とカジュアルな民族衣装で会場入りしたものの、他国の選手の気合が入った装いを見て焦り、急遽、毛皮の帽子を手に入れ、キルギス色を追加しようとしているらしい。

キルギス移民の店主がスマホで、オスマン帝国を舞台にしたトルコの時代劇に自身が出演した際の動画を見せてくれた。彼は日本の温泉街の土産物屋にいるような、日本人といっても通用しそうな風貌だったが、その東洋然とした雰囲気のため、オスマン時代劇から、いくらでもオファーが来るのだという。

アーチェリーの会場では、テントの下で各国の民族衣装を身に着けた選手たちがすでに準備を始めていた。準備をしながら、他国の選手と一緒にセルフィーを撮ったり、ハグしたり、「そのブーツ、とてもいいね」などと会話を交わしている。その様子は、ひと昔前のオスマン帝国領域のどこかのバザールに集う、様々な民族の人々のようだった。その中に、赤いローブをまとって白いターバンを巻いた、オスマン帝国のスルタン（皇帝）の扮装をした選手がいた。民族衣装なら、スルタンもありなのか！　彼は審判団と各国選手の間で連絡要員のように走り回り、質問に答えたり張り紙をしたり、奔走していた。その場面だけを切り取ると、「バザールで草原の民のために働くスルタン」という、昔ならありえない光景で、いい場面を見せてもらった。

それにしても、民族衣装はどうしてこうも、かっこいいのだ。体形に合ったデザイン。目的と用途に適した機能美。そして伝統を身にまとうことでおのずと発生する誇り。

この場にいると、ジーンズとTシャツとヨットパーカーという、民族的伝統とはまったく関係のない格好をした自分に対して、恥ずかしいとは言わないまでも、引け目のような感情を抱いてしまうのは事実だった。私にはこんな時、さらりと着られる民族衣装がない。着物を最後

ノマド・ゲームズの選手たちはかつてバザールに集った人々のよう。

に着たのは七五三を祝った六歳の時だ。持っている民族衣装らしきものといえば、モロッコで買ったベルベル人の「ジェラバ」と中国の人民服の綿入れだけで、自国のものですらない。

それが別に悪いとは思わないが、こういう場に来てみると、寂しさと悔しさを感じるのは必然だった。


ノマド・ゲームズの一つの特徴は、参加者が独自の民族衣装を着ることといえるだろう。

オリンピックやパラリンピック、その他のスポーツの国際大会などで着用されるユニホームは、競技ごとに規格が規定され、国籍や民族性をいったん排し、競技の結果だけを競うことに主眼が置かれている。それらの属性を排除することでスポーツを中立化し、引き起こされがちな民族間の歴史意識やナショナリズムを抑えこむためだ。国籍を判別するのは、ジャージの背中に書かれた国名や国旗のみ。多国籍化が進んだ現代では、風貌すら、その選手の国籍判別には役立たない。

ノマド・ゲームズは、その逆をいく。

グローバリゼーションの中で、世界各地から消えゆく独自の民族性を保護し、伝えることがこの大会の一つの目的であるから、民族性の発露は大歓迎。それが本当に自身の伝統なのか、それともイメージ上の伝統なのかも問わない。別に先祖がスルタンでなくとも、スルタンの格好をしても許される。

スカートを穿いて馬にまたがる馬上アーチェリーの選手。

たとえば想像してみよう。

私がこの大会に馬上アーチェリーで参加すると仮定してみる。私は日本で流鏑馬(やぶさめ)の初級レッスンを普段着で受けたことがあるが、鎧を身に着け兜(かぶと)を被って馬にまたがる強者もいた(余談だが、ふだんから鎧兜にこだわる人は、武士階級の末裔であると自称する人が多かった)。もし自分が「伝統的衣装で出場してください」と言われたら、何を着て出ればよいのか。これは実は、大変複雑な問題だ。

私の先祖は武士ではなく、まして馬に乗る機会などない、魚の群れを追う漁民だった。イワシを追いかけた先祖の格好——つまりふんどしに膝上丈の浴衣のみ——をすれば馬には乗れず、かといって武士階級の扮装をすれば、自分の出自とはまったく関係のない格好となり、すでにフィクションとなる。私が伝統的民族衣装で馬に乗ることなど、ありえないのだ。

つまり日本を例にとると、日常的に馬に乗る行為が武士階級の特権であった以上、武士の服装が伝統的民族衣装の基準となる。老若男女がみな馬に乗り、移動した遊牧騎馬民族とは根本的に異なり、日本では階級問題となってしまう。万一私が武士の扮装で試合に出たとしても、居心地の悪さは極限に達し、誇りを感じるどころか屈辱すら感じることになるだろう。

言語化すればそんなことが、私の「寂しさと悔しさ」の裏にはあった。遊牧騎馬民族ではない私はどうやっても、彼らのように誇り高く馬に乗ることなどできないのだった。

先に触れたように、ノマド・ゲームズでは、ビジュアルで誰がどこの国の選手かを判別するのがひと苦労だった。

自分が属する東アジア——日本、朝鮮半島、中国、台湾、モンゴルなど——の民族衣装ならば、ある程度の確率で判別できるものの、中央アジアや中東地域の民族衣装を見分ける知識の蓄積がないため、国がわからない。「あの風貌はどこの人？」「あの衣装はどこ？」と思っても、国がわからないのはストレスだった。試合に向けて身支度を整える選手のバックパックや道具入れに縫いつけられた国旗のアップリケを見ては、スマホで国旗を検索するという面倒くささ。ああ、自分にとって中央アジアは本当にアウェーなのだなあと実感した。

しかし一方では、こうも思った。

なぜ自分はそれほど選手の国籍にこだわるのだろうか？

独自の民族衣装を身に着けた人たちが、どんな風景の中で暮らしているのか、どこへ行けば出会えるのか、知りたくてたまらないのだった。

ルールをいま決めるのかい

モンゴルのナーダムと同様、ノマド・ゲームズも大雑把に分類すると、馬、弓射、レスリング（ナーダムの場合は相撲）の三競技で、この三つをベースにした様々な種目が行われる。

会場も競技ごとにゾーン分けされている。ノマド・ゲームズを効率よく楽しむためには、どれも見たい！　という気持ちは捨て、関心対象を絞る必要がある。

東京から来た松岡さんと私の関心対象は、当然ながら馬だ。この大会で馬を使うのはコクボル（馬上ラグビー）と馬上アーチェリーの二種目のみ。よって私たちは、大会会場の最も奥に設けられた馬場にほぼ張りつくことになった。馬場の向こうには広大な駐車場があり、大きな馬運車がいくつも停まっている。そこに隣接する形で、プレハブを利用した厩舎があった。

二日目から参加の片田君の関心対象はレスリングなので、各種レスリングを行うコーナーに張りついた。そして田上さんは主にレスリングゾーン、鬼頭さんは馬ゾーンについてサポートしてくれた。


アーチェリー会場で各国の民族衣装を楽しんでいた私たちだったが、馬場方向から大音量の好戦的な音楽が流れてきて、いまにもコクボルの試合が始まりそうな空気を醸し出し始めたため、早速馬場に向かった。

閉会後はすぐに解体できそうな、簡易式客席が両翼に設けられた、広大な馬場だった。客席に観客の姿はまだ少なかったが、一見してトルコっぽくない、つまり中央アジアっぽい人が主流だった。

私たちは前から数列目の客席に腰かけ、試合が始まるのを待った。しかし待てど暮らせど、何も始まらない。これなら、アーチェリーやレスリングを見てから来てもよかった、と軽く後悔するものの、よそに行っているうちに試合が始まるリスクを考えると、動きづらい。

客席前列中央に二〇人ほどの、非トルコ人の、明らかに選手ではない年配男性たちが集結し、何事かを相談している。当初はなごやかな雰囲気だったものの、次第に議論がヒートアップし、声量が大きく、語調が激しくなり始めた。

トルコ語話者の鬼頭さんは、耳に飛びこんでくる様々な単語に耳をそばだて、何が起きているのかを探る。中央アジアの国々の多くはテュルク系の言葉を使うため、トルコ語と似た単語が多いのだという。

「キルギスとカザフの審判団が、ルールをめぐって揉めているみたいです」と鬼頭さん。

え……ルールがまだ決まっていないんかい!

「主導権をどちらが握るかの攻防みたいですね」

議論はますます白熱し、「パジャールスタ、パジャールスタ!」の叫び声だけが私にも聞き取れた。ロシア語の「プリーズ」だ。そうか、これらの国々は旧ソ連なので、年配の人たちの共通語にはロシア語も含まれるのだ。

「あ、ケリがついたみたいですよ」と、松岡さんが馬場を指さす。議論を終えた審判員たちが、馬場に敷かれた砂の上に石灰で白い線を引き始めた。そして長方形をした馬場の、両側の短い辺の中央に白線で円を描いた。これがゴールのようだ。

「確か、キルギスのコクボルは、井戸のようなゴールに死んだ山羊を投げ入れる方式のはずだけど……」

と、キルギスで乗馬経験のある松岡さんが言った。私も映像で見たことがある。コクボルのゴールは「タイカザン」と呼ばれ、ババロアのような形状の中央がくぼんだ盛り土で、固くて重く、馬が突進してもビクともしない堅固な造りをしている。そこに、頭と足首のない山羊の死体を投げ入れるのがキルギス方式だ。盛り土の中央がくぼみ、井戸のようになっているのは、もともと狩りで獲った狼の死体を井戸に投げこんだことに由来するといわれている。「コクボル」は、キルギス語で「蒼き狼」の意味。前回のキルギス大会では、少なくとも井戸方式だった。

競技についての情報やアナウンスがまったくないため、その場で必死にネット検索をしてみると、カザフスタンやアフガニスタンでは井戸方式ではなく、地上に描いた円に投げこむ方式を採ることがわかった。

つまり、「パジャールスタ」の応酬の結果、キルギス以外の諸国の方式が採用されたものと見える。

コクボルを国技とするキルギスは、より難易度の高い、自分たちの井戸方式で押し通そうとしたが、難易度の低い円方式を採用する国のほうが多く、今回は多数決で円方式が採用された、ということらしい。何の説明もないので、想像するのみだが……。

ホスト国であるトルコが蚊帳の外に置かれ、中央アジア諸国の攻防がゲーム前から繰り広げられている感じがおもしろい。

自分たちの方式が採用されなかったキルギス人は、さぞ悔しいだろう。それは柔道発祥の国であるのに、それが世界中に広まった結果、日本が美徳とする戦い方より、それとは異なる戦い方が優勢になってしまったもどかしさ、と似たものがあるのかもしれない。

ともかく、第四回ワールド・ノマド・ゲームズ、コクボル競技の戦いの舞台はひとまず整った。

ようやくですか

コクボル会場ではようやく審判団の話しあいが終了し、馬にまたがった選手たちの姿が馬場にちらほら見え始めた。

馬はサラブレッドより小さく、モンゴル馬と同じくらい。前夜祭のパレードを先導した馬とほぼ同じサイズだ。

この期に及んでも、総計何か国が出場し、どのような形で対戦して順位を決めるのか、まったくわからなかった。そもそも、ルールも先ほど決まったばかりだし、スコアボードもない。自分の常識からすると考えられないが、次第にこういう状況にも慣れ始めた。

きっと、自分のほうが杓子定規すぎるのだ。文句を言うのではなく、この状況でできる努力をしよう。

私はウエストバッグからオペラグラスを取り出し、馬場の端に集まり始めた選手が手にした国旗を確認した。

鮮やかなスカイブルーに、黄色い太陽が描かれた国旗。このスカイブルーには見覚えがある。いまは亡き、男子フィギュアスケートのデニス・テン選手がソチオリンピックで銅メダルを獲得した際、まとっていた国旗だ。ということは、カザフスタンか。濃い青のポロシャツに黒の防護帽といういでたちだ。

もう一方は、スカイブルー、白、黄緑色の三本線が入った国旗。日本のコンビニチェーン「ファミリーマート」の配色と似ている。スマホで中央アジアの国々の国旗を検索する。ウズベキスタン。ウズベキスタンはファミリーマート、と覚えることにしよう。ウズベクの選手は白いポロシャツに白い防護帽である。

どうやら、カザフスタン対ウズベキスタンの試合が始まるようだ。

両国の選手は馬にまたがったまま、一列になって客席の方へ向かい、審判団と観客に向かって整列した。各チーム、一二人馬。これでようやっと、試合が始まる。思わず身を乗り出した。

ところが再び、審判団が論争を始めた。馬上の選手たちも、何が起きているのかよくわからず、戸惑っている。馬に乗ったままずっと同じ場所に居続けることは、意外に難しい。中には動き出す馬もいて、そのたびに選手が馬の首を横に向け、一回転させて再び整列しなおす。一頭が動くと、それが周囲に連鎖して、次々にむずがり始める。

審判団は、試合開始の儀式のやり方で揉めているようだった。どうやら、キルギスの審判たちが「このやり方ではダメだ」と注文を入れているらしい。先ほどあれだけルールで揉めたのだから、ついでに儀式も話しあっておけよ……。

数分間揉めたあと、アナウンスが入り、両チームはいったん左翼と右翼方向へ散り、各チーム縦一列に隊列を組みなおした。そして審判の笛に従って中央に歩き始め、列を交差させ、一人一人の選手が顔を合わせて挨拶をした。サッカーのワールドカップなどで見る方式だ。これが、キルギス方式のようである。

馬上ラグビー、コクボル

コクボルのルール

コクボルのルールをざっと紹介しておこう。国や状況によっても異なるが、今回のノマド・ゲームズでは以下のようなルールで行われた。

馬場は長辺二〇〇メートル×短辺七〇メートルの長方形。センターラインの端に白線でサークルが描かれ、そこにウラク（山羊）を置く。それを奪い、敵の攻撃をかわしながら馬で疾走し、敵陣のゴールに投げ入れるとポイントが入る。どちらかのチームがゴールを決めると、ウラクはサークルに戻されリスタート。

一ピリオド二〇分で、計三ピリオドを戦う。

各チーム一二人馬が出場するが、ゲーム中にピッチに入れるのは各チーム四人馬のみ。試合中は、何度でも人馬を交替することができる。ただし、人と馬はセットであり、馬を乗り換えることはできない。もしも馬が人を振り落として走り去ったら、騎乗する選手がその馬をつかまえない限り、ゲームには戻れない。

通常、コクボルで使うウラクは、頭部と足首から下を切り落とされた山羊の死体だが、今回のノマド・ゲームズでは本物の山羊ではなく、山羊のような形をした革製の詰め物、いわば擬似山羊が使われた。ウラクの重さは三二－三五キロである。

審判団の目の前にある白線で描かれたサークルに、馬に乗ったレフリーによってウラクがどさっと置かれた。擬似の山羊であることに、私は内心ほっとした。本来、本物の山羊の死体を使うのが伝統であることは十分承知しているのだが、実際に山羊の死体がもみくちゃにされるのを見るのはなかなかグロテスクなものだ。まして今回のホスト国であるトルコは、オリンピック開催地に立候補して落選した経験や、ＥＵ加盟を一七年も棚上げされている経験などから、西側諸国からの視線を相当意識している。山羊の死体の映像が出回ったら、また何を言われるかわからない。この大会を機に存在感をおおいにアピールしたいトルコとしては、「避けるべき」という判断を下したのではないか、と推察される。

レフリーが笛を吹き、選手が突進してウラクを奪いあうところからゲームは始まった。客席に近いところにサークルがあるため、八頭の馬が突進してくるのはかなり迫力がある。鞭叩きまくり、手綱引きまくり。

ところが、なかなかウラクが拾えないのである。手が届いた、と思っても、拾い上げる途中で落としたり、拾えそうな瞬間に馬が動いてしまったり。

想像してみてほしい。馬にまたがった状態で、利き手の側に思いきり体を傾け、地上に置かれた三〇キロ超の物体を片手で拾い上げることが、どれだけ困難か。空港で、重量過多で超過料金を課せられたスーツケースを、動く馬の上から片手で拾い、それを抱えたまま馬で逃げる、という状況に近い。騎乗者の体重に三〇キロ超が加算されるため、馬には相当な負荷がかかる。少しバランスを崩しただけで、馬体が耐えきれず、人馬もろとも崩れ落ちてしまう。

ウラクの重さを考えたら、騎乗者は腕っぷしの強い、頑丈な体つきの人がよさそうだ。が、大柄の選手が体を傾けた時、馬が耐えきれずに崩れ落ちる可能性が高い。しかもウラクは必ず馬上から取らなければならないため、落馬した場合は、飛び乗ってやりなおす必要がある。

では馬の負担を考え、軽量級の選手がよいのかといえば、そうとも言えない。小柄な選手にはウラクを拾い上げるのが難しい。

その他の球技と同じように、腕っぷしの強い選手、走れる選手、逃げる相手から奪う選手、といった、役割分担とチームワークが鍵となりそうだ。

擬似山羊を奪取したら、手綱は口でくわえ、敵に山羊を奪われないよう、自分の足と馬体の間に挟んだり、片手で抱えたりして全速力で走る。もちろん、先には敵が待っていて、馬もろとも全力でぶつかってくる。ぶら下がった擬似山羊の足を引っぱりあい、味方は助け、敵は妨害しながら、三つ巴でとにかく走る。敵に奪われたら、その瞬間から追いかける立場になる。ここで駿馬を操る選手がいれば、敵をかわしながら全速力で走り、一気にカウンター攻撃だ。

これは相当に荒々しく、見ていて盛り上がる。

それにしても、本来おとなしい動物である馬を、よくこれだけ攻撃的に戦わせられるものだ。広大な草原に暮らしていた彼らの祖先にとって、馬は家畜であると同時に、乗り物でもあり、また戦車でもあった。コクボルごときでひるんでいたら、襲来した異民族とは戦えなかっただろう。馬上で何かを争う局面になると、馬も人も、戦闘開始のスイッチが入るのかもしれない。動物愛護の観点からすれば、馬にかなり苛酷なことを強いているのは確かだ。この競技が全世界に普及することは、まずないだろうことは予測がついた。

カザフスタンは中央アジアの大国なので、自国のテレビチームが中継に来ていた。観客席にもカザフ応援団が圧倒的に多く、どことなく大国感がみなぎっている。スタンドには、思いっきり民族衣装でめかしこみ、国名が入ったタスキをかけた「ミス・カザフスタン」のような女性も複数いて、多くのカメラマンや観客からレンズを向けられていた。ノマド・ゲームズでは、観客も民族衣装を着用すれば、プロアマ問わず、誰もかれもが撮影し、世界中に発信してくれる。限られた世界だが、注目されることは間違いない。

最初は興奮して見ていたが、実はこの試合、二チームの実力差が歴然としていた。カザフスタンが一方的にゲームを進め、ウラクも左翼側へ行ったきり。たまにウズベキスタンの選手がウラクをゲットしても、怒濤のように押し寄せるカザフ攻撃陣にすぐさま奪取されてしまう。最終ピリオドに入るとカザフ・チームは、馬の消耗を減らすために無理な攻撃はせず、ウズベク・チームに拾わせてゴールをさせ、試合を流しているように見えた。勝利は確実だし、ウォーミングアップは十分に済ませた。もはや馬に無理させる必要はない。もちろん、カザフが勝利した。何点入ったのかは、最後までわからなかった。

ホスト国トルコと強豪キルギスの対戦

第一試合が終わると、馬場の整備やラインの引き直しのためしばし休憩に入り、その間、観客席では民族の大移動が行われた。カザフ応援団は何の未練もないかのようにごっそりと席を離れていった。

再びオペラグラスを手にし、次に出場する国を探る。赤地に白い三日月……もちろんトルコだ。前日の前夜祭でパレードを率いていた三選手がいる。「トルクメニスタンっぽい顔の選手が多いですね」と鬼頭さん。

もう一方は、赤地に黄色の太陽が描かれた国旗……キルギスだ。いよいよ真打登場である。すると背後から「クルグスタン！　クルグスタン！」の大歓声が沸き上がり、いつの間にか四方をキルギス大応援団に囲まれていた。キルギスのフェルト帽をかぶった長老たちが一番良い席に静かに座り、そこへいろんな人が挨拶にやってくる。なんらかの重鎮なのだろう。

第一試合ではあまり意識しなかったが、スタンドの右翼と左翼は一応、両国の応援団に分けられているようで、私たちが座った右翼側は、第二試合ではキルギス側陣営となった。次から次へと人が押し寄せ、座れないキルギス人が出始めた。

私はキルギスとトルコ、どちらの側のサポーターでもない。キルギス大応援団の迫力に気圧されたこともあり、ここは譲ったほうがいいだろうと考え、席を立って左翼側へ移った。左翼のトルコ側は、自国開催だというのに応援団はおらず、近隣の住民と思われる家族連れや暇そうな人がランダムにいるだけで、なんとも寂しいものだった。コクボルは、トルコではあまりポピュラーな競技ではないようだ。

どこに座ろうかとうろついていると、銀髪の東洋人女性が「ここに席があるわ」と身振りで示し、手招いてくれた。完全にアウェーの場所で、極東の出身を思わせる風貌の人を見ると、同胞に会えたようで、やはりほっとするものだ。彼女もきっと、そう感じて私たちを手招きしてくれたのだろう。

「こちらのほうが静かで見やすいわ。どこから来たの？」

彼女はきれいなブリティッシュ・イングリッシュでそう言った。日本からだと答えると「日本から来たの？　よくまあそんな遠いところから」と感嘆の声を上げた。

「あなたも遠くないですか？」

「私はイギリスから来たから、あまり遠くないの。台湾出身で、イギリスに住んでいます」

彼女は前回のキルギス大会を見に行ったことでノマド・ゲームズにはまり、今回の開催も楽しみにしていたのだという。大会期間中はイズニクから車で一時間ほどの距離にあるブルサに宿泊し、シャトルバスで来た。

「ブルサからはバスがたくさん出ていたわね。ほとんどのツーリストは、ブルサに宿泊じゃないかしら」

会場に近いと思ってイズニクに宿泊したが、距離が遠くても、宿泊施設の多い観光地ブルサにすべきだったかもしれない。

キルギスの選手は、試合が始まる前から馬場で、体を片側に傾けて擬似山羊を拾う仕草を練習していた。野球でいうところの、バットの素振りのようなものだろう。すでにやる気満々だ。

両国の選手が全員揃い、整列した。第一試合では挨拶の仕方で揉めたものだったが、当然ながらキルギス方式で両国の選手たちは互いに挨拶を交わし、その後一列に並びなおして、客席に向かって整列した。

そして試合が始まった。

トルコ対キルギスの試合は、第一試合と同じく、一方的な展開を見せた。キルギスの選手はウラクをかっさらうと、さほどもみくちゃにされることもなく、ゴールへ向かって悠々と走り去り、ポイントを決めてしまう。トルコとキルギスでは、個の力に歴然とした差があるようだ。

コクボルが国技であるキルギスでは、コクボルのプロ・リーグがあり、国対抗でコクボルの試合が行われる場合、またたく間に各チームから優秀な選手が選抜され、ドリーム・チームが結成されると聞く。日本の野球でたとえたら、ＷＢＣ（ワールド・ベースボール・クラシック）に大谷翔平選手やダルビッシュ有選手が集結するようなイメージだろう。

ホスト国のトルコ、かわいそうにボロ負けである。もともと多くなかったトルコ側の観客たちが、容赦なく次々と席を立っていく。カザフスタンと同様、キルギスの選手たちも、武士の情けならぬ、遊牧騎馬民族の情けなのか、第三ピリオドは無理をせず、トルコの選手にウラクを拾わせ、得点させてあげるシーンがあった。もう十分に強さは証明した。馬を必要以上に酷使しないよう、試合を流すのもまた、賢い選択だった。

この日は、この二試合だけで終わった。なぜなのか、理由はわからない。コクボル会場はいったんこれでお開きとなり、午後は馬上アーチェリーを行うため、馬場の整備に入った。

参加国がどれだけあるのかもわからない。いろいろ意味はわからないが、とにかくカザフスタンとキルギスの二チームが突出して強いことだけが印象に残った。

大会三日目のコクボル競技

一〇月一日、大会三日目のコクボル会場にいた。

前日の大会二日目はコクボルの試合はなく、馬場は一日中、馬上アーチェリーで占められた。こちらはトルコの観客に大変人気があり、客席はほぼトルコの人たちに埋め尽くされていた。

三日目も、午前中は馬上アーチェリーの決勝が先に行われ、午後からコクボルだった。

この日は結局、七か国が出場し、次々と試合を行った。

第一試合は、カザフスタン対モンゴル。大会一日目に圧倒的強さを見せつけた、中央アジアの大国カザフスタンと、かつてユーラシアの草原をほぼ制覇したモンゴルの戦い。これは激しい試合になるのでは？ いやが上にも期待は高まった。

ところがいざ試合が始まってみると、圧倒的に強いのはカザフスタンで、モンゴルの選手はなかなかウラクを拾うことができず、みすみすかっさらわれていく。これには驚いた。

私はさしたる根拠もなく、馬といえばモンゴル、馬上で何をさせてもモンゴルが最強なのだと、これまで思いこんでいた。しかしコクボルを見る限り、そうではないようだ。

カザフスタンの選手たちが大きな国旗を振りかざして馬場を闊歩するなか、モンゴルの選手たちは肩を落とし、淡々と去っていった。「だから苦手だと言ってるんだ」とでも言いたそうに。

第二試合はアフガニスタン対ハンガリー。ハンガリーの選手は大柄なので、ずいぶん馬が小さく見えた。なかなかアフガニスタンの選手が出そろわない。しばらく待っていると、Tシャツを着た選手たちが歩いて馬場に入ってきた。馬はおらず、全員で中央に陣取る審判団に詰め寄っている。白いTシャツの背中には、「AFGHANISTAN」と黒のマジックインキで書かれていた。タリバン政権による政局掌握で混乱が続くアフガニスタンから、出国するだけでも困難だっただろう。お揃いのウェアを用意することすらできず、慌ただしく国を出てきたことが想像できた。選手たちが審判団に詰め寄り、何か必死に主張している。続いて選手の代表がマイクを握り、観客に向かって話し始めた。鬼頭さんが慎重に耳を傾ける。

「馬が足りず、乗る馬がいない、と言っています。残念ながら試合は棄権する、と」

なんということだ。

馬の問題は、初日からずっと気になっていた。

一日目、カザフスタンとキルギスが圧倒的な強さを見せた。それはもちろん騎乗者の技術が高いこともあるだろうが、馬自体の活きのよさが全然違うように見えたのだ。この二か国は少なくとも、自分たちの馬を運んできたのではないだろうか、というのが松岡さんと私の見立てだった。

「陸を走らせて来たんですかね？」と私がすっとんきょうな質問を投げかけると、「さすがにトラックか飛行機でしょう！」と松岡さんに笑われた。このサイズの馬十数頭であれば、チャーター機を一機飛ばせば運べるのではないか。そしてノマド・ゲームズのためなら、両国ともそれくらいはするのではないか、というのが彼女の意見だった。

コクボルは馬にとって、とにかく苛酷な競技である。ウラクを奪うために馬同士が激突し、転倒すれすれの体勢を余儀なくされ、しかも騎乗者とウラクを合わせると一〇〇－一二〇キロ近くの重量に耐えなければならない。普通の馬なら逃げ出すだろう。実際、試合の最中に選手を振り落とし、走り去った馬もいた。コクボルのルールでは、選手と馬はセットで登録されるため、馬に全速力で逃げられたら、それを追ってつかまえない限り、試合には戻れない。それは逃げたくもなるよなと、馬に対する同情を禁じえなかった。

そんな苛酷さを、初めて乗る馬に強いるのはかなりハードルが高い。

今大会で何頭の馬が準備され、馬上アーチェリーとコクボルでどのように使い分けられたのか、公式発表がないためまったくわからない。この二競技は、馬の乗り方がまったく異なるため、使い回せないと思われるが、確証はない。

コクボル用に準備された馬も、各国の全選手分が用意されたとは到底思えない。コクボルだけで一二人馬×七チーム、それに審判の馬も含めると、軽く一〇〇頭が必要になる。大会会場の外に設けられたプレハブ仕立ての厩舎に、それだけの収容力があるようには見えなかった。

自馬を持ちこまない国は、ホスト国トルコが用意した馬を繰り返し使い回すことになる。ハードなコクボルの試合で使われた馬が、どのくらいの時間をかけたらリカバリーできるのか。次の試合も人間の指示に従って試合を戦ってくれるのか。

つまり、ホスト国で用意された馬を使うのは、コクボルの場合は特に、非常にリスクが高いのだ。

そう考えるとノマド・ゲームズは、かなりの馬産国でない限り、ホストにはなれないことになる。少なくとも車窓からしょっちゅう馬の姿を見かけるわけではない現在のトルコには、荷が重い大会であるといえそうだ。これまでの大会が三回連続してキルギスで開催されたことには、馬をふんだんに供給できる国が少ない、という事情があったものと思われる。

険しい山岳地帯の多いアフガニスタンでは、馬で移動しなければならない地域も多く、馬の扱いに慣れた人は多いだろう。アフガニスタンの国技は、紙幣にも印刷されるほど国民から愛されるコクボルのアフガニスタン版「ブズカシ」である。コクボルの試合にはそれ相応の気合が入っていたはず。まして国が混乱するさなかに出国したのなら、なおさら思い入れは強かったに違いない。

アフガニスタンの選手が言った「馬がいない」の真意は、「ブズカシ」を知り尽くすからこそ、「耐えうる馬がいない」ということではないだろうか。マイクを置いたアフガニスタンの選手たちは、広大な馬場の中をとぼとぼ歩いて立ち去っていった。スタンドからは大きな拍手が起こり、彼らの後ろ姿を見送った。なんともいえない後味の悪さが残った。

アフガニスタンの棄権で不戦勝となったハンガリー――トルコ語では「マジャールスタン」で、マジャール人の国――は、第三試合のトルコ戦に回された。

「ハンガリーの選手は、これらの馬には大柄すぎるのでは?」という私の危惧は的中した。ハンガリーの選手がウラクを取ろうとして体を傾けると、馬がその負荷に耐えきれずに崩れ落ち、落馬続出だったのである。そうなると、小柄なトルコの選手が俄然有利となり、ウラクはトルコ側に行ってばかり。初日、キルギスにボロ負けしたトルコが一方的に試合を進めていった。

「コクボルの場合、大柄な選手の多い国は不利だ」という教訓を学習した試合だった。

モンゴルがこれほど弱いとは……

第四試合はウズベキスタン対モンゴル。初日、カザフスタンに敗北したウズベキスタンと、第一試合でカザフスタンにボロ負けしたモンゴル。ティムール帝国対モンゴル帝国の代替戦か！　と胸は高鳴った。

カザフスタンには歯が立たなかったウズベキスタンだが、モンゴル相手となると、見違えるように躍動し、ウラクを拾いまくり、怒濤のようにモンゴルのゴールに押し寄せた。モンゴルの選手はまったくウラクを拾えないし、奪うこともできない。悠々と走り去るウズベキスタン選手の馬尻を、ただ追いかけるシーンが目立った。

「モンゴルがこれほど弱いとは……」

そうつぶやくと、「馬上競技なら何でもモンゴルが強いと思いこんでいたけど、どうも馬文化が少し違うみたいですね。モンゴルでコクボルやるのは、カザフ族だけみたいだし」と松岡さんも同意した。

もしかしたら、対モンゴルとなると、「負けるわけにはいかない」というスイッチが相手チームに発動するのかもしれない。特にウズベキスタンの場合、壮麗な都サマルカンドをモンゴルに焼き払われた記憶が闘志に火をつけるのかもしれない。

「どうもモンゴルは、ノマド・ゲームズにはあまり執着がないみたい」と松岡さん。私も同じことを思っていた。

モンゴルは毎年、自国のあらゆる場所で、ノマド・ゲームズと同じようなナーダムを開催し、「モンゴルにおける、モンゴル人のための、モンゴルの競技」に熱狂することができる。完全アウェーのノマド・ゲームズにはあまり関心がないのかもしれない。

モンゴルと中央アジア諸国の間に、この大会に対する温度差があるのは非常に興味深かった。

この日の最終戦である第五試合は、キルギス対ハンガリーだった。

先刻トルコにボロ負けしたハンガリーの選手たちが、アフガニスタンの選手と同様、徒歩で馬場に入ってきた。満足に戦える馬がいない、という理由で、彼らも棄権した。優勝候補のキルギスは不戦勝。馬不足のなか、馬を温存することができたのだった。

二試合しか行わなかった初日とは異なり、試合が続いたこの日、今大会の馬不足が露呈した。我々観客が乗るためのシャトルバスの不備など、正直言ってどうでもいいことだ。しかし馬が重要な鍵となるノマド・ゲームズなのだから、馬の確保は最優先事項のはず。ホスト国として反省すべき点の多い一日だった。

コクボル参加各国の印象をまとめると、以下のようになる。

キルギスとカザフスタンが群を抜いて強く、次点がウズベキスタンという印象。ホスト国トルコは、一勝して面目を保った形だ。

モンゴルは弱い。ハンガリーは、コクボルをやるには大柄すぎる。アフガニスタンが万全の状態だったら、どんな戦いを見せ、どの位置に食いこんだだろうか。それを見ることができず、かえすがえすも残念だった。

次にコクボルの試合が行われるのは大会四日目にあたる最終日。ここで優勝国が決まる。

トルコの伝統的馬上競技

コクボルの最終決戦に入る前に、公式競技ではないものの、デモンストレーション試合があった馬上競技を紹介しておきたい。

これも例によって、会場や公式サイトではアナウンスがなく、幸運にもたまたま見ることができただけだった。前夜祭と同様、会場内の雑踏の中でめざとく馬の姿を見つけた松岡さんが「馬がいる！」と叫び――最初に馬を発見するのは、いつでも松岡さんだった――、その声に反応して私が走り出し、馬のあとを追いかけていったところ、そこが開会式の行われたメインスタジアムだったのだ。

この時、初めてメインスタジアムに入ったが、こちらはコクボルや馬上アーチェリーが行われた馬場よりさらに広大で、アリーナには砂が敷きつめられ、馬上競技が行える仕様となっていた。

会場には大音量のオスマン軍楽、メフテルが鳴り響き、コクボルとは異なり、オスマン色を前面に押し出していた。コクボル会場で声をかけてくれた台湾系イギリス人女性がすでに着席していて、また手招きしてくれる。彼女もまた、本当に馬が好きな人のようだ。今後、ノマド・ゲームズが開催されるたび、彼女と会えるかもしれない。


しばらくだらだらと待っていると、アリーナに人馬が入場してきた。二チーム合わせて二〇人馬ほどで、全員が Türkiye のポロシャツを着ているところを見ると、トルコ対トルコ、つまりトルコの伝統的馬上競技のようだ。ポロシャツに乗馬用キュロット、ヘルメットといういでたちで、それぞれの選手が手に棒を持っている。一見、ポロのようでもあるが、棒はさほど長くはない。この棒で球を拾ったり突いたりするのではなく、いかにも投げ飛ばしそうな空気が漂っている。

二チームが右翼と左翼に分かれ、ゲームが始まった。

一人の選手が馬に乗ったまま、三〇メートルほど離れた敵方の一人に向かって全速力で突進していき、相手が射程距離に入ったと判断するや否や、馬上の相手選手めがけて棒を投げ飛ばした。棒は鋭い放物線を描いて宙を飛んだあと、人には当たらず地上に落下した。

棒を投げた選手は慌てて自陣に戻る。すると今度は先刻標的となった相手方の選手が馬にまたがったまま、同じように手にした棒を投げ飛ばした。これが選手が入れ替わって交互に繰り返されていく。

棒を敵に当てたり、敵から投げられた棒を素手で摑んだ場合は、高い点が得られるらしく、場内から歓声があがる。馬場の各方面には棒を拾って選手に渡す人たち――ボールパーソンならぬ、スティックパーソンとでも呼べばいいのだろうか――が立っており、投げ終えた選手に適宜棒を渡している。私が知っている球技などにたとえたいところだが、正直何にも似ていない。

選手のいでたちはスマートだが、この競技にはコクボルとはまた違った荒々しさがある。攻守が頻繁に切り替わるため、ゲーム展開が非常にめまぐるしいのだ。

コクボルと最も異なるのは、馬の使い方だ。コクボルでは、長い距離を全速力で疾走する局面はあまりない。必ずやどこかで敵の突進に遭い、もみあいになって走り出せないことのほうが多いからだ。コクボルで馬に求められるのは瞬発力よりも、もみあいに堪えきれる重量感、そして群れに突進してゆく図太さだった。

一方この馬上競技は、攻めるにせよ逃げるにせよ、一にも二にも瞬発力と加速力が求められる。自身が標的となった時、全速力で走りながら、後ろから飛んでくる棒をかわすため、騎乗者には馬上で伏せながら瞬時に急旋回するという、巧みな騎乗技術が必要になる。馬にしてみれば、全力疾走、急旋回、急停止をひたすら繰り返すことになる。

これはまさに、軍事教練のために生み出された競技ではないか？　あまり敵陣深くまで追いすぎると、攻撃権が敵に渡った瞬間、格好の餌食になってしまう。リスクを取って進むのか、それとも多少遠距離からでも的を狙えるよう、腕力を鍛えるのか。縦横無尽に疾走する騎乗技術を磨くのか。そんな、戦場で求められる様々な判断力を鍛えるのに、この競技は適しているように見えた。コクボルの場合は、「一頭の山羊の所有権を奪いあう隣村同士の争い」というイメージだが、この競技は、「襲来した異民族から領土を守るための戦い」といった趣だ。

スピーディな競技が好きな私は、この競技にけっこう熱狂したが、キルギス文化をリスペクトする松岡さんは、あくまでコクボル派のようで、淡々と見ているのが印象的だった。

レスリング方面の助っ人に行ってその場に居合わせなかった鬼頭さんに、その様子を報告すると、以下のような知見を得た。

これはオスマン時代、帝国内各地で流行り、宮廷の小姓たちの間でも盛んに行われるようになった伝統的馬上競技「ジリット」だという。

この競技はいわば「馬上槍投げ」。スポーツマンシップが重要視され、ジリットと呼ばれる棒を選手ではなく馬に当ててしまった場合は、未熟の証拠と見なされルール違反となるそうだ。かつては、棒ではなく本物の槍で行われ、かなり荒々しい競技だったらしい。あまりに危険であるため、一九世紀、オスマン皇帝マフムト二世（在位一八〇八－三九）によって、一時期禁止令が出されたほどだった。

いまでもトルコ東部や西部地中海地方では祭りの日などに行われ、ウシャクという町では週末にリーグ戦も行われるという。つまり、時期と場所を選べば、トルコ国内で本物の競技を見られるわけだ。

デモンストレーション試合だったため、短時間で終了してしまったが、コクボルの比較対象として、非常に興味深かった。

いよいよ決勝ラウンドへ

ワールド・ノマド・ゲームズ、大会四日目にあたる最終日。いつものように朝からコクボル会場へ繰り出すが、スタンドにはすでにかなりの数の観客がいた。しかもこの日は、これまでとは異なり、スタンドの右翼側と左翼側がテープで仕切られて警備員が立ち、陣営の移動ができなくなっている。仕方なく——というより、どの国が出場するかもわからないので、選びようもないのが実情だった——入り口に近い右翼側に陣取った。

それにしても、このものものしい雰囲気は何なのだろう?

「トルコ駐在のウズベキスタン大使が観戦に来ているようですよ」と鬼頭さん。ということは、これからウズベキスタンが出場するのか。最終日になっても、どことどこが対戦するのかわからない、というのも笑ってしまう。

この旅を計画していた時、入場料や観戦チケットが無料だと知り、「なんと太っ腹な大会なのだ」と感嘆したものだった。しかし対戦カードの決め方も試合時間もわからなければ、そもそもチケットを売ることはできない。太っ腹なのではなく、仕方がないのである。

「トルコに、一回でいいからオリンピックを開催させてあげたかったよ」と片田君が嘆く。

「一回でも主催すれば、運営のノウハウが蓄積される。そうすれば、ノマド・ゲームズももっとうまく運営できただろうね」

イスタンブールは、二〇二〇年オリンピック・パラリンピックの開催地に立候補し、決選投票で我らが東京に負けたのだった。

いつも通り、オペラグラスで遠くにいる人馬の様子を眺める。ファミリーマートのような国旗は、すでに見慣れたウズベキスタンだ。そして赤地に白の三日月はホスト国のトルコ。

これまでの試合結果を見ると、キルギスとカザフスタンが群を抜いて強く、次点がウズベキスタンとトルコ、という印象だった。その三位と四位が対決するということは、これまでは予選で、今日は優勝国を決める決勝ラウンドが行われると見て、ほぼ間違いないだろう。

ウズベキスタン対トルコ

初日の開幕戦でカザフスタンと当たり、最後には試合を「流される」屈辱を味わったウズベキスタンだったが、この試合では見違えるように躍動した。大使が見に来ている高揚感なのか、あるいはティムール帝国の末裔としての誇りなのか、はたまた、キルギスやカザフスタンには劣るが、中央アジアの一員として三番手は死守しなければならない、という責任感なのか、とにかくテンションが初日とまったく違う。自信を持ってゲームを進めている印象だった。

そして、オスマン伝統のジリットを見たあとに観戦すると、生まれた時からそこにコクボルが存在するわけではないトルコの選手には、やはりコクボルは無理があるよな、と思わざるを得なかった。ジリットを戦うトルコの選手たちには、自信がみなぎっていた。自分たちの文化に根づいた伝統的競技であるか否かは、やはり心持ちに大きく作用するようだ。だからこそ、ブズカシ（アフガン版コクボル）を国技としながら、馬不足で棄権したアフガニスタンの試合を見たかった、と本当に残念に思う。

何点入ったかはわからないが、試合はウズベキスタンの勝利に終わった。国旗を揚々と掲げ、馬で疾走する選手たちのなんと誇らしげなことか。試合が終わると私たちは立ち上がることを制止され、一〇人ほどの取り巻きやSPを連れたウズベキスタン大使が笑顔を振りまきながら会場をあとにするのを待った。ウズベキスタンは今後、ワールド・ノマド・ゲームズを誘致するつもりなのかもしれない。それも楽しみである。

スタンドに充満するキルギス圧

しばし休憩が入り、馬場が整備される間、私たちが陣取った右翼側に続々と観客が押し寄せ、明らかにオーバーキャパシティになり始めた。先ほどまでは空席も散見されたのに、赤地に黄色い太陽が描かれた国旗を持った人たちに、あっという間に埋め尽くされた。

「ということは、次はキルギス対カザフスタンということ？」

「そうみたいですね」

私たちは総勢五名である。私自身はキルギス贔屓というわけではなく、その日の朝、バス停でカザフ人から「カザフ人？」と尋ねられたこともあって、カザフスタン側でもよいくらいだ。日本人が座ることで、コクボル命のキルギス人が座れないのもかわいそうだと判断し、左翼のカザフスタン側へ移動した。というより、スタンドに充満するキルギス圧に気圧されたといったほうが近い。左翼側へ移ると、カザフ圧のようなものはほとんど感じられず、心なしかほっとした。

両国の選手たちがスタンド前に整列すると、空には急に黒い雲がたちこめ、強い風に乗って雨が降り始めた。嵐に呼応するかのように、客席のボルテージもいっそう上がり、キルギス応援団は総立ちになって巨大な国旗を振り回し、「クルグスタン！　クルグスタン！」の大合唱である。

そして前奏が流され、キルギスの国歌斉唱が始まった。総立ちの観客が大きな声を合わせて歌い出すが、ものすごく音程が外れ、リズムもバラバラ。選手たちも馬上で整列しながら声を張り上げるものの、観客たちによって音程を外されて調子を狂わされたのか、ほとんど雄叫びのようになっている。選手も観客も統制がとれず、とてもフリーでおおらかな空気が漂っている。

「音痴やなあ。むっちゃキルギスっぽいわ」と片田君が言う。

「トルコに来て六年になるけど、こんなキルギス人をたくさん見たのは今回が初めてや。どこにこんなおったん？　ってくらい、おるな」と片田君が笑うと、「ですね、私も初めて見ました」と鬼頭さんが同意した。

「イスタンブールの観光地では、あまり見ませんからね。トルコにいるんじゃないみたい」

そうだったのか。イズニクに来て五日間、この光景を見慣れてしまったため、トルコじゅうに彼らがいるような錯覚を起こしていた。大会が終わってイスタンブールに戻ったら、かなり寂しく感じるのだろう。

トルコ国内で彼らが多く暮らすのは、アンタルヤや地中海沿いのリゾート地だと、旅行業界に詳しい田上さんが教えてくれた。海沿いの温暖なリゾート地にはロシア人が多いため、ロシア語の話せる彼らが観光業界で重宝されるのだという。

ここにいると忘れてしまいそうになるが、キルギス、カザフスタン、そしてウズベキスタンなどは、いずれも旧ソ連の一部だった。コクボルのルールを決める際、審判団の議論（あるいは論争）がヒートアップしてロシア語が飛びかっていたことを思い出す。

トルコから黒海を越えれば、そこにはロシアとウクライナがある。トルコにとっては、侵攻する側とされた側の双方が隣人といえる。さらに二〇二二年九月二一日、プーチン大統領が予備役三〇万人を召集対象とする「部分的動員」を発令してからは、トルコのリゾート地に国外脱出を試みるロシア人が殺到し、中央アジアの人たちの需要がますます高まっているという。この地域では、好むと好まざるとにかかわらず、ロシアの存在がいまだに大きいことを痛感した。

社会主義っぽいカザフスタン

次にカザフスタンの国歌斉唱が始まった。前奏が聞こえると、選手たちはまたがった馬からすっくと立ち上がり、胸に手を当て、一糸乱れず歌い出した。キルギスとのあまりの国民性の違いがおもしろすぎる。

とても社会主義っぽいメロディーだった。キルギスとウズベキスタンに比べると、カザフスタンのありようが一番社会主義っぽい。その昔、中国やソ連といった社会主義国家フェチだった私は、この様子に一人大喜びし、仲間たちから失笑された。

それはさておき、停止させた馬の上で立ち上がり、右手を胸に当て、国歌が終わるまでの数分間、片手手綱だけで馬を不動にさせ続けるのは、ものすごく高度な技術であることは付け加えておきたい。馬は、動かすより、不動にさせるほうがはるかに難しい動物だ。私なら、数秒ともたない。

客席が仕切られただけでなく、この日は、これまでゆるゆるな管理しか行われていなかったメディアゾーンも厳しく管理され、正式に交付された取材許可証を持たないカメラマンはゾーンから締め出された。そのかわり、大会公式ＩＤを持った他競技の選手たちは出入りが自由で、私がひそかに「モンゴルの王子」と名付けて注目し、大会の公式ツイッター（現X）でも紹介されていた、馬上アーチェリーのモンゴル人選手がメディアゾーンに立っていた。

私は思わず心の中でつぶやいた。

モンゴルさん、コクボルをもっと強化してください。モンゴルが強くなったら、ノマド・ゲームズはさらにおもしろく、刺激的になります。王子では線が細すぎて無理かもしれませんが、モンゴルにはいくらでも屈強な馬乗りたちがいるでしょう。

最強チームを決める戦い

いよいよ試合が始まった。センターライン端のサークルに置かれたウラクを奪いあうところから壮絶だった。一方が捕る、そうはさせまいと引っぱりあい、奪い、奪い返す、逃げる、追いつく、また奪う、その繰り返しで、ずっと団子状態。

昨日までのゲームは一体何だったのかという感じだった。これまでに行われた予選（多分）では、チームごとの実力差がありすぎて、ウラクを奪ったら、そのまま敵陣になだれこみ、疾走する必要もなく余裕でゴールに到達するシーンをたびたび見かけたものだった。

しかしキルギスとカザフスタンという強豪国対決だと、逆の意味で馬が疾走するシーンはほとんど見られない。

コクボルに必要なのは駿馬ではなく、もみあいに果敢につっこんでいく闘争心の強い馬なのだとあらためて思い知らされた。

キルギス応援団はかなりヒートアップし、「行け！」「そこだ！」「何やってんだ！」のような野次（多分）をしきりに飛ばしている。そのありようは、格闘技の観客のようだ。

人間の指示があるとはいえ、馬の群れの中につっこみ、肉弾戦をものともしない馬の姿を見るのは初めてだった。

ふだん私は乗馬クラブで、馬同士はけっして近づけてはいけない、必ず距離をあけるようにと指導されている。それは「客」である私たちの安全を確保するためだ。

しかし考えてみたら、馬は古くから、移動手段としてのみならず、戦闘にも使われてきた。馬にここまで戦闘的行為をさせられるのかという驚き。そして馬のそういう側面を見たことが

キルギス対カザフスタンの最終決戦。これまでの試合と迫力が段違いだ。

ない現実が、いかに自分が人工的な環境で馬と接さざるを得ないかを物語っていた。

やっとのことで敵陣ゴールの目前までウラクを運んでも、この二チームはそうたやすくゴールにはつながらない。むしろここからが勝負という感じだ。ゴールを目の前にしてもみあいはいっそう激しさを増す。ラグビーのスクラムのように、じりじり、じりじり、移動していき、ゴールさせまいとする力が横へ働く。しまいには厩舎コンテナの並ぶ場外へなだれこんでしまう。

これはおもしろい。サッカーのワールドカップなどで、予選では大差で勝負がついたりするのに、8強、4強と上がっていくにつれて得点が入らなくなるのと似ている。

すると、田上さんがすっくと立ちあがり、「私、向こうへ行ってきていいですか？」と言った。あまりよく意味がわからず、「どうぞ」と答えると、彼女は客席をまたいで通路に下り、警備員のいない後方からキルギス応援団の陣営に潜りこんだ。そうか……私はキルギスでもカザフスタンでもどちらでもよかったが、キルギスが大好きな彼女は向こうに座りたかったに違いない。カザフスタン陣営にいながらキルギスを応援するのは、周囲のカザフ人にかえって失礼だと考え、席を移動したのだ。配慮を欠き、申し訳ないことをした。彼女は隣のキルギス人と二言三言言葉を交わすと、すぐに小さなキルギス国旗を手渡され、彼らと一緒に振り始めた。

さすが、トルコ生活が長いだけあって、異文化に溶けこむのが本当に早い。

そしてついにレフリーの笛が鳴り、試合が終了した。何点入り、どちらが勝ったのか、全然わからない。

「どっちが勝った？」「いや、わからない」「どっちだろ」「微妙だね」などと話していると、キルギス陣営に座った若い女の子が涙をこぼし、彼氏と思われる男性から必死になだめられているのが見えた。一瞬、嬉し涙かと思ったが、いやいや、悔し涙のようだ。

「もしかして、キルギスが負けた？」

キルギス陣営から戻ってきた田上さんに訊くと、「負けたみたいです」と言う。大本命のキルギスが負けたのか！　だからといって、泣くのか……。それほどコクボルには両国のプライドがかかっているのか。驚くことばかりだ。とはいえ、涙を流す若い女の子を除いて、キルギス応援団は何の未練もないかのように次々と席を立ち、スタンドから出ていった。実にあっさりしている。

私たちもとりあえず席を立ち、軽食スタンドの立ち並ぶ飲食スペースのほうへ移動した。

コクボルの摩訶不思議な世界

勝負はまだついていなかった

最終日は日曜日ということもあり、飲食スペースは立錐の余地もないほど混みあっていた。五人全員が座れる場所を確保するのは至難の業だ。すると田上さんに向かって手招きするグループがいた。コクボル会場にいた、キルギスの男たち五人組だ。そのうちの一人は、レスリング会場で審判を務めていた人だった。私たちに席がないことを知ると、彼らはギュウギュウとお尻を寄せて席を詰め、またたく間に五人分のスペースを空けてくれた。

キルギスの人たちは、長い年月の間に様々な民族が入っているため、どういう風貌が典型的だとは一言で言えない。青い目をした人もいれば、日本人とさほど変わらない風貌をした人もいる。モンゴルっぽさが感じられる人もいる。田上さんに真っ先に声をかけてくれた兄さんは、若い頃の朝青龍に似ていた。

「俺たちの中で、誰が一番かっこいい?」「帽子をとったら、俺のほうがかっこいいだろ?」などと田上さんを質問攻めにし、盛り上がっている。みなさん、キルギスが負けたというのに、この余裕は何なのだろう。彼らは食事が済むと次々に席を立ち、コクボル会場へ向かおうとした。どういうこと？

「まだもう一試合あるんだ」

事情がよくわからないまま彼らについて行き、再び会場に入った。今度は私たち全員が、彼らとともにキルギス応援団に混じって座った。ヤング朝青龍はどこからかキルギス国旗を調達してきて、私たちに手渡した。そしてスマホを見せてくれた。

まずはホーム画面にセットされた、黒いダウンジャケットを着た自撮り写真。

「これはユニクロのダウン。日本の会社だろ？　暖かくて軽くて、最高だよね！」

続いて馬にまたがった自撮り写真。

「これは俺の愛馬だよ。うちでは三〇頭飼ってるんだ」

トルコ在住ではなく、この大会のためにキルギスから来たということか？

「キルギスから飛行機に乗って来た。馬で来たんじゃないよ！」

彼が見せてくれた自宅の厩舎は赤レンガを積んだ立派な造りで、一頭一頭が広い個室に入れられていた。キルギス事情には詳しくないが、いい馬を飼って育てる裕福な人物なのかもしれない。

「これは俺がコクボルに出た時の動画だよ」

雪の降りしきる荒野に、何十、いや、下手をすると百頭以上の馬が集結し、押しあい圧しあいをしながらウラク（本物の山羊の死体！）を奪いあう、壮絶な光景だった。男たちの熱気と馬の鼻息でもうもうと湯気が立ち上り、映像に霞がかかったように見える。

「毎年、新年になるとやるんだ」

これがコクボルの原型か……。これと比べたら、白線が引かれた馬場で行われる試合は本当にかわいいものだ。

たまたま知りあった兄さんが毎年コクボルに参加するくらいなのだから、その精鋭が揃ったナショナル・チームが弱いわけがない。キルギス人のコクボル熱が異様に高いのも納得がいく。

それはともかく、これから何の試合が始まるのだろう？

「キルギス対カザフスタンだよ！」

さっき勝負がついたのでは？

「これからが本当の勝負だ」

コクボルの対戦カードの決め方は、本当に意味がわからない。だいたい、出場チームが全部で七か国という中途半端な数字だったし、キルギスとカザフスタンは今日まで一度も対戦しなかった。半分冗談で、キルギスが勝つまでやるのではないか、と思いたくなるほどだ。まだ勝負が残っていると言われたら、先ほどの敗北でキルギス応援団が淡々としていたことにも納得がいった。彼らはあと一試合残っていることをあらかじめ知っていたのだろう。つまり、午前の試合では主力を温存した可能性があるということだ。

客人に対するキルギス人のホスピタリティ

私たちの前列と前々列は関係者席で、審判と選手の関係者と思われる人たちが席を確保していた。ところが試合開始が迫ると、一人、二人と、見るからに新興富裕層のような大柄な人たちがやって来て、平気で荷物をどけ、有無を言わさず座ってしまう。関係者が抗議しても、しゃあしゃあとした顔で席を移らない。その妻と思われる高価そうな革ジャケットを着た女性もやって来て、関係者を尻でどかし、無理矢理座ってしまう。

「キルギスの新興金持ち、悪そうな顔をしてますね」と松岡さんに言うと、「どこの国でも、悪い奴はみな同じような顔をしている！」と彼女は憤慨した。

続いて、さらに押しの強そうな年配女性がやって来て、ほぼすし詰め状態となった客席を見渡し、どこかにつけいる隙はないかと品定めをし始めた。彼女の視線が私たちのところで止まった。どうやら彼女が標的に選んだのは、外国人である我々のようだった。

彼女はヤング朝青龍に向かい、露骨に私たちを指さしながら、なぜこんないい席に外国人が座っているのか、自分に席を譲れ、と訴えているようだった。しかしヤング朝青龍は丁寧な口調でそれを断り、私たちを守り通した。そして周囲の客が二列目の席を自主的に詰め、彼女を座らせた。

その後も彼女はまだ腹の虫が治まらないらしく、私たちが手にしたキルギス国旗を見て、今度はそれを指さし、「なんで外国人が持っている。あれをよこせ」と再び難癖をつけ始めた。見かねた彼の仲間が、どこからか調達してきて一本を彼女に手渡し、事なきを得た。

私はヤング朝青龍に心から感謝した。ただお昼を一緒に食べただけの日本人グループを、自国の年長者に責められてまで守ってくれるなんて、なかなかできることではない。自分のユルト（ゲル）へ立ち寄った旅人を客人としてもてなす、遊牧民精神のようなものを感じとった。

再び両国の国歌斉唱タイム。キルギス・ドリームチームは相変わらず調子っぱずれな歌唱力（というより、ほとんど雄叫び）を披露し、一方のカザフスタン・チームは、午前よりもさらに輪をかけて一糸乱れずぴたりと整列し、仁王立ちで愛国心を披露。本当にカラーのまったく異なる両国だ。そして再び、戦いの火ぶたが切られた。

午前の試合では、完全に互角のように見えた両チームだったが、午後になったらキルギスが持ちなおしたというか、試合を優位に進めていることが素人目にも見てとれた。いまこれができるなら、午前にもそうできたはず、と不思議に思い、悟った。

キルギスは、もう一試合あることを見越し、人馬ともに体力を温存したのだろう。サッカーや野球でもよくあることだが、強豪チームは選手層が厚いため、試合によって二番手や控えを使う、あるいは主力選手を使うにしても短時間しか使わずに温存し、大事な試合にすべてを投入する、という作戦なのかもしれない。かなり選手層が厚くなければできない芸当だ。それに対してカザフスタンは、キルギス相手に戦うには常にベスト・メンバーで臨まなくてはならないのかもしれない。

強豪国にしかできない人馬の使い分けと、あえて捨て試合も作る余裕。相当自信と実力がなければできない戦略である。

そして、キルギスが勝ち、キルギスの応援団は狂喜乱舞した。

二〇二二年のワールド・ノマド・ゲームズが、もうすぐ終わろうとしていた。

ノマド・ゲームズ後遺症

私たちはキルギスの兄さんたちに別れを告げ、渋滞が始まる前にイズニクを出発し、イスタンブールへ帰った。そして五人のノマド・ゲームズ観戦チームはいったん解散。イスタンブール在住の三人はそれぞれの日常に戻り、松岡さんと私はトラブゾンへ向かい、旅を続けた。

黒海沿いのトラブゾンにいても、どこかにキルギスやカザフスタン、ウズベキスタンの人はいないかと目で追ってしまい、いないと知って落胆する。私はこれまでトルコを二回訪れたことがあるが、こんな経験は初めてだった。明らかにノマド・ゲームズの後遺症だった。

しかし彼らは、大きな街の雑踏の中で目立っていないだけで、トルコ国内に存在していないわけではない。

先述のように、私が初めてトルコを訪れた二〇一六年は、忘れもしない、トルコにテロの嵐が吹き荒れた年だった。六月二八日にアタテュルク国際空港で発生した自爆テロの犯行グループ三名は、ロシア、ウズベキスタン、キルギスの国籍だった。

そして年が明けたばかりの二〇一七年一月一日未明、イスタンブールの高級ナイトクラブ「レイナ」で無差別銃撃テロが起きた。犯人のマシャリポフはウズベキスタン国籍で、キルギス人の居宅に潜伏していた。

トルコ国内で彼らの存在がクローズアップされる機会がテロだとしたら、トルコ在住の人たちはきっと、多かれ少なかれ、肩身の狭い思いをしてきたはずだ。


トルコは、月並みすぎる言い方だが、複雑である。文明の十字路といった、美しい言葉では到底言い表せない。原始キリスト教が根を下ろした土地であり、正教の一大中心地でもあった。ノマド・ゲームズが開催されたイズニク、旧名ニカイアは、三二五年に第一全地公会議が開かれた場所だった。イスラームが浸透したあとは、キリスト教徒の領域は次第に狭められ、それでも共存していたが、ギリシャ独立戦争（一八二一－二九年）を機にギリシャ系住民との確執が一気に表面化した。シリアで内戦が始まると、ＩＳ（イスラーム国）で訓練を受けた戦士の流入が続き、テロが頻発した。ロシアとは何度も戦争をしたものの、ロシア革命の際には大量の白系ロシア難民を受け入れた。いまでも徴兵を嫌うロシア人の逃亡先となっている。民族的には、中央アジア、そして中国の新疆ウイグルまでつながっている。

そんなトルコの抱える複雑さを、ワールド・ノマド・ゲームズが思い出させてくれた。

最初はあまりにゆるい大会運営に面食らい、戸惑いも感じたものだったが、それも含めておおいに楽しめるようになった。自分の常識を基準にしてはいけないと学ばされた。

ワールド・ノマド・ゲームズは、競うことより、集うことが重要な大会だったのではないか、と私は思っている。

多重性と類似性。世界がどれほど多様なのかを見せつけられるとともに、そこに類似性を見つけて接点を探したり、交流したりする楽しみ。

そして自分が思い描いてきた世界地図を塗り替えられたことが、一番の収穫だったと言える。

私はこれまでトルコを、「かなり東」だと漠然とイメージしてきた。しかしこの大会を通して、「かなり西」なのだと実感した。「かなり東」は、ヨーロッパから見た世界観に過ぎない。

モンゴルの西、トルコの東に、まだ見知らぬ世界が広がっている。その世界のほんの入り口まで、馬が連れてきてくれたのだと思う。

帰国後の衝撃

二〇二二年「ワールド・ノマド・ゲームズ」トルコ大会は、一〇二か国から三〇〇〇人もの選手が参加し、来場した観客はのべ一〇万人にのぼった。トルコはホスト国としての責任を立派に果たし、面目を保った形となった。メダル獲得の多かった国は、一位がトルコ（一三個）、二位がキルギス（一一個）、三位がイラン（五個）、そしてカザフスタン（四個）、アゼルバイジャン（四個）などである（トルコの通信サイト、Railly News 二〇二二年一〇月三日付などより）。

そして私たちが見なかった――というより、もとより見る権利のなかった――閉会式で、二〇二四年の次回大会はカザフスタンで開催されることが公式発表された。トルコも、「一〇年以内に再び開催したい」という。

さて、追記しておきたいのは、コクボルの結果である。

私たちはみな、コクボルの優勝国はカザフスタンだと信じていた。最後に行われたキルギス・カザフスタン戦は、本大会をこれまで三度も主催し、最大功労国ともいえるキルギスに花を持たせるための親善試合程度に思っていたのだ。相変わらず、公式サイトでも何の記載もなかった。

ところが日本に帰国して二か月あまりたった一二月一三日に公式サイトをチェックしたところ、突然内容が充実していて、コクボル（Kok Boru）の金メダルはキルギス、銀メダルがカザフスタン、銅メダルがウズベキスタンとなっていた。これにはたまげた。だが、四か月もしないうちに、このページはなくなっていた。幻でも見たのだろうか、という気持ちだ。ともあれ、試合結果の公式発表が現在は消えているというのも、おもしろい。

コクボルでは一体どこが優勝したのか。ネットで情報を探すうちに、興味深いことがわかってきた。

コーカサス地方の情報に重きを置くサイトcommonspace.euでは、二〇二二年一〇月五日付「ワールド・ノマド・ゲームズ二〇二四年大会はカザフスタンで開催」というタイトルの記事でこう記載している（以下、著者抄訳）。

「コクパル（kokparu）のトーナメントにおいて、カザフスタンはキルギスを四対三で破り、優勝した」

次にカザフスタンの通信サイト、el.kzを見てみよう。カザフスタン共和国の文化スポーツ大臣であるダウレン・アバイェフ氏がフェイスブックに上げた文章を転載する形で、以下のように記載（二〇二二年一〇月三日付）。

「カザフスタン代表はコクパル（kokparu）で、鍛錬された強敵であるキルギス代表を四対三で下し、優勝した。優勝するまでには、ウズベキスタンを八対一、モンゴルを一二対二で下した。コクパルがワールド・ノマド・ゲームズの公式競技になるのは今回が初めてであり、この優勝は歴史的快挙といえる」

キルギスのサイトを見てみよう。24.kgの記事（二〇二二年一〇月三日付）。

「コクボル（kok boru）でキルギス代表はカザフスタン代表を五対〇で下した。付け加えると、コクパル（kokparu）のトーナメントではカザフスタン代表に一点差の四対三で敗れ、銀メダルに終わった」

総合すると、私たちが現場で感じた通り、優勝はカザフスタンと見てよさそうである。

さて、ここで、「コクパル（kokparu）」と「コクボル（kok boru）」が使い分けられていることにお気づきだろうか。「コクパル（kokparu）」ではキルギスが銀メダルに終わったが、「コクボル（kok boru）」では勝った、という表現なのだ。つまり、カザフスタンが勝利した試合が「コクパル（kokparu）」で、キルギスが勝利した試合は「コクボル（kok boru）」だと主張しているのだ。

大会初日に会場で、試合のルールを決めるのに審判団が揉めに揉めていたことが思い出される。キルギスの記事からは、自分たちが折れて最大公約数的な方式でトーナメントが行われることになり、その結果、我々は敗北を喫したが、キルギス方式で行った最後のキルギス・カザフスタン戦では勝利を収めたのだ、というニュアンスが感じとれる。

ちなみにワールド・ノマド・ゲームズの公式サイトでは、前述のように競技名は「Kok Boru」となっている。

コクボルの世界は、本当に摩訶不思議である。

ワールド・ノマド・ゲームズは二年に一度の開催なので、意外と忙しい。次の二〇二四年カザフスタン大会にも、チームで出かけるつもりだ。

おわりに

『馬の惑星』は、いびつな形で始まった。

馬をテーマに何かを書きたい。そんなことを、担当編集者である出和さんに話したのは、ローマ教皇フランシスコが初来日を果たした頃、二〇一九年一一月末のことだった。

編集部からのゴーサインが出たのが年末で、二〇二〇年四月から連載が始まることに決まった。この年の夏には東京オリンピック・パラリンピックが行われるはずで、馬場馬術を現地で観戦し（抽選に当たってチケットを持っていたのだ！）、西欧中心の馬事文化について考察する。そしてその一か月後、九月にはワールド・ノマド・ゲームズのトルコ大会に行き、西欧以外の馬事文化に触れてみる。そこから旅を始めて、自分なりに馬と世界との関連を考える構想を立てた。二〇二〇年は、馬の連載を始めるのにふさわしい年に思えた。

ところが周知の通り、その矢先に、世界は新型コロナウイルスのパンデミックに見舞われた。結果として、実に二年半以上も日本から出られなくなり、連載期間がそこにすっぽり入ってしまった。

日本から出られない――。これから世界へ出かけようとしていた自分にとっては致命的状況に思えた。ここにいながらできることをするしかない。連載では、過去に行った旅の回想が中心を占めることになった。

苦肉の策ではあったが、このモラトリアム期間が、自分にとっては意外と重要だった。もしパンデミックが起こらず、二〇二〇年に見切り発車をしたら、私の関心は馬事文化に限られた範囲になっていたかもしれない。まさに、人間万事塞翁が馬である。

これらの旅を通して、馬そのものというより、馬が見せてくれる別の世界に私は関心を抱くようになった。

馬に乗ると、道のないところへ行くことができる。そして、現在の領域国家の国境線が敷かれていなかった時代へも接続させてくれる。馬は、時空旅行を可能にする「乗り物」なのだ。私の頭の中の世界地図はだいぶ塗り替えられた。

さらに馬は、乗らなければ気づく機会すらなかった、体の奥底に眠る感覚を呼び覚ましてくれる。

連載が終了して「自分にごほうび」というわけでもないのだが、二〇二三年八月、私はモンゴルへ行った。そして落馬して右上腕を骨折し、全治三か月という大ケガをした。ケガから五か月以上が経過したいまもリハビリに通っている。

馬で疾走する感覚は、他ではけっして得られない類いのものだ。

花が咲き乱れる道なき草原を、馬の背に乗って疾走する。風を切って走るから、もちろん爽快だ。しかしそれは、ただの爽快感とは異なる。

ケガ――最悪の場合は死――のリスクはつきものだ。風景を楽しむ余裕など、実は一ミリもない。前方を見渡しながら、同時に向かう方角へ視線を集中させ、足元に穴がないかどうかも察知しなければならない。意識の拡散と集中。馬が何ものかの存在に脅え、乗り手の意図とは関係なく、勝手に速度を速めることもある。そんな時は要注意。馬に疲れが出ていないかを馬体を通して常に確認し、疲れが見えたら速度を落とす。群れから取り残される恐怖。あまりに速度が上がった時の制御。馬を信じ、全神経を馬と一体になることに集中させる、ヒリヒリするような緊張感。気を抜くような瞬間はまったくない。一つの疾走が終わるたびに、「生き延びた」という感情が芽生え、極度の疲労に見舞われる。

ふだん地上で暮らしている時には見られないはずのものを見、使う機会のない能力を使う。この感覚が病みつきになり、やめられなくなるのだろう。

しかし快楽には代償がつきものだ。竜宮城での夢のような暮らしに見切りをつけて陸に戻った浦島太郎が、玉手箱を開けた瞬間、白髪の老人になってしまったように、私は腕を折った。当然といえば当然の代償だった。

そんな私が言うのもおこがましいが、私の生存能力は少しだけ高まった。

この能力は、日常生活ではほぼ役に立たないものだ。

将来、私が一兵士として馬にまたがり、矢を射って戦う可能性はゼロに近い。しかし、生き延びるためには馬で平原を走破しなければならない、という状況は、万に一つ、起こりうるかもしれない。そんな時、私は迷わず馬に乗って逃げるだろう。

馬のおかげで生き延びる確率が高まったとしたら、これほど嬉しいことはない。

これからも、馬が誘ってくれる世界を見てみたい。

どこへ向かうかはわからない。何が待っているのかも、わからない。

それでも、馬を信じ、ついていってみようと思う。

香港で会った老李の予言によれば、私は「どこまでも走っていく馬」のはずだから。

二〇二四年二月四日

星野博美

参考文献・資料

第一章

・美内すずえ『ガラスの仮面』三六巻、白泉社、一九八九年
・品川区文化財研究会『品川区の歴史』名著出版、一九七九年
・高草操『人と共に生きる　日本の馬』里文出版、二〇一〇年
・杉山正明『遊牧民から見た世界史　増補版』日経ビジネス人文庫、二〇一一年
・杉山正明『大モンゴルの世界――陸と海の巨大帝国』角川ソフィア文庫、二〇一四年
・杉山正明『興亡の世界史　モンゴル帝国と長いその後』講談社学術文庫、二〇一六年
・ロバート・マーシャル『図説　モンゴル帝国の戦い――騎馬民族の世界制覇』遠藤利国訳、東洋書林、二〇〇一年
・カルピニ／ルブルク『中央アジア・蒙古旅行記』護雅夫訳、講談社学術文庫、二〇一六年

第二章

・D・W・ローマックス『レコンキスタ――中世スペインの国土回復運動』林邦夫訳、刀水書房、一九九六年
・本村凌二『馬の世界史』中公文庫、二〇一三年

・折井善果編著『キリシタン研究　第48輯　ひですの経』教文館、二〇一一年
・セルバンテス『ドン・キホーテ　前篇Ⅰ』会田由訳、ちくま文庫、一九八七年
・マリア・ロサ・メノカル『寛容の文化――ムスリム、ユダヤ人、キリスト教徒の中世スペイン』足立孝訳、名古屋大学出版会、二〇〇五年
・尾原悟編著『キリシタン研究　第33輯　サントスのご作業』教文館、一九九六年
・尾原悟編『キリシタン研究　第38輯　ぎやどぺかどる』教文館、二〇〇一年
・折井善果著『キリシタン研究　第47輯　キリシタン文学における日欧文化比較――ルイス・デ・グラナダと日本』教文館、二〇一〇年
・近藤誠司『アニマルサイエンス①　ウマの動物学〔第2版〕』東京大学出版会、二〇一九年
・『EQUUS〔エクウス〕』二〇一一年八月号、テラミックス

第三章

・堀内勝『ラクダの文化誌――アラブ家畜文化考』リブロポート、一九八六年
・トビー・グリーン『異端審問――大国スペインを蝕んだ恐怖支配』小林朋則訳、中央公論新社、二〇一〇年
・『宮廷画家ゴヤは見た』ミロス・フォアマン監督、二〇〇六年
・『アラビアのロレンス』デヴィッド・リーン監督、一九六二年

第四章

・アミン・マアルーフ『アラブが見た十字軍』牟田口義郎、新川雅子訳、ちくま学芸文庫、二〇〇一年
・エリザベス・ハラム『十字軍大全――年代記で読むキリスト教とイスラームの対立』川成洋、太田直也、太田美智子訳、東洋書林、二〇〇六年
・ジョナサン・ハリス『ビザンツ帝国　生存戦略の一千年』井上浩一訳、白水社、二〇一八年

■井上浩一『生き残った帝国ビザンティン』講談社学術文庫、二〇〇八年
■鈴木董『オスマン帝国――イスラム世界の「柔らかい専制」』講談社現代新書、一九九二年
■林佳世子『興亡の世界史　オスマン帝国５００年の平和』講談社学術文庫、二〇一六年
■ティモシー・ウェア『正教会入門――東方キリスト教の歴史・信仰・礼拝』松島雄一監訳、新教出版社、二〇一七年
■アンナ・コムニニ『アレクシアス』相野洋三訳、悠書館、二〇一九年
■萩野矢慶記『カッパドキア――谷間の岩窟教会群が彩る』東方出版、二〇〇六年
■小笠原弘幸『ケマル・アタテュルク――オスマン帝国の英雄、トルコ建国の父』中公新書、二〇二三年
■村田奈々子『物語　近現代ギリシャの歴史――独立戦争からユーロ危機まで』中公新書、二〇一二年

第五章

■山本雅男『イギリス文化と近代競馬』彩流社、二〇一三年
■小松久男編『中央ユーラシア史』山川出版社、二〇〇〇年
■小松久男 他『アジア人物史 第5巻　モンゴル帝国のユーラシア統一』集英社、二〇二三年
■大村幸弘、永田雄三、内藤正典編著『トルコを知るための53章』明石書店、二〇一二年
■前田耕作、山内和也編著『アフガニスタンを知るための70章』明石書店、二〇二一年
■ウラジーミル・アレクサンドロフ『かくしてモスクワの夜はつくられ、ジャズはトルコにもたらされた――二つの帝国を渡り歩いた黒人興行師フレデリックの生涯』竹田円訳、白水社、二〇一九年
■ＪＲＡ日本中央競馬会ウェブサイト　競馬用語辞典
■乗馬メディアＥＱＵＩＡ　ウェブサイト　乗馬用語集

■本文写真／星野博美

■本書装画の「泰西王侯騎馬図」に描かれた人物は、左から神聖ローマ皇帝ルドルフ二世、トルコ皇帝、モスクワ大公、タタール王を表している。
この絵の作者は不明だが、江戸時代初期、イエズス会がつくったセミナリヨ（神学校）で学んだ日本人の筆によるという説もある。

「泰西王侯騎馬図」神戸市立博物館蔵　Photo: Kobe City Museum / DNPartcom

■本書は集英社学芸ＷＥＢ「学芸の森」で二〇二〇年四月から二〇二三年五月まで連載された『馬の帝国』に加筆修正したものです。

星野博美（ほしの　ひろみ）

ノンフィクション作家、写真家。一九六六年、東京生まれ。『転がる香港に苔は生えない』で第32回大宅壮一ノンフィクション賞、『コンニャク屋漂流記』で第63回読売文学賞「随筆・紀行賞」・第2回いける本大賞、『世界は五反田から始まった』で第49回大佛次郎賞受賞。主な著書に『島へ免許を取りに行く』『戸越銀座でつかまえて』『今日はヒョウ柄を着る日』『愚か者、中国をゆく』『みんな彗星を見ていた――私的キリシタン探訪記』『謝々！　チャイニーズ』『銭湯の女神』『のりたまと煙突』『旅ごころはリュートに乗って――歌がみちびく中世巡礼』などがある。

馬の惑星

二〇二四年四月三〇日　第一刷発行

著者　星野博美

発行者　樋口尚也

発行所　株式会社集英社

〒一〇一・八〇五〇　東京都千代田区一ツ橋二ノ五ノ一〇

電話　〇三・三二三〇・六一四一（編集部）

〇三・三二三〇・六〇八〇（読者係）

〇三・三二三〇・六三九三（販売部［書店専用］）

装幀・組版　佐々木暁

印刷所　大日本印刷株式会社

製本所　ナショナル製本協同組合

ISBN978-4-08-781750-8　C0095